조경수목 문화콘텐츠

조경수목 문화콘텐츠

초판인쇄	2019년 2월 5일
초판발행	2019년 2월 10일
지은이	온형근(조경문화콘텐츠창작소 『나무와함께』 대표)
펴낸이	심상숙
디자인	이미연
편집	김진방
펴낸곳	도서출판 드림북
주소	경기도 광주시 오포읍 양촌길 134
홈페이지	http://dream-book.co.kr
전자우편	dbook5347@naver.com
대표전화	031) 761-4767
팩스	031) 761-5188
값	27,000원
ISBN	978-89-94482-88-0

나무에게 다가서는 인문학,
나무와 사귀는 일은 꾸준하게 서로를 보여주는 일

조경수목 문화콘텐츠

온형근 지음

목차

나무가 만들어내는 신생의 길을 수소문한다   6

고개 숙여 친밀한 정감

영춘화	녹색의 어린가지에서 숨김없이 드러내는 나무	12
싸리	흔하지만 강인하여 쓸모가 많은 나무	18
찔레꽃	빗속에 환하게 담장을 덮고 있는 진심의 나무	26
괴불나무	꽃이 피기 시작하려 할 때가 가장 예쁜 나무	36
백당나무	한 꽃 속에 헛꽃과 참꽃이 진화하는 나무	44
쥐똥나무	흔해서 마주치지 않는 나무	52
해당화	해어화, 말을 알아듣는 꽃	60

계절을 연결하는 눈높이

산수유	어른거리는 꽃의 그림자로 피어나는 나무	74
고욤나무	토종을 볼 줄 아는 안목을 키워주는 나무	84
단풍나무	생각에 색을 입혀 주는 매끄럽고 가벼운 나무	94
마로니에	스스로 덕을 많이 쌓아 푸른 윤기로 청량해지는 나무	102
모감주나무	피고 지는 것을 구별하지 않는 나무	112
백목련	배려하고 희생하는 마음으로 가득 푸르른 나무	126
왕벚나무	뒤돌아보지 않고 계절을 앞장서는 나무	134
함박꽃나무	청초하게 함박 웃는 모습을 닮아 있는 나무	140

시원한 바람, 흔쾌한 몸짓

귀룽나무	5월에 삿자리를 깔고 봄날의 소풍을 즐기는 나무	152
느티나무	함께 만나 서로의 염원을 담고 동반자가 되는 나무	160
말채나무	편책이란 채찍으로 격려하고 기념하는 나무	174
미루나무	살랑대는 바람에도 몸 전체로 반응하는 나무	184
찰피나무	어디서든 만나면 기분 좋고 우쭐해지는 나무	192
층층나무	시선이 머물 수밖에 없는 풍요로움의 나무	200
백합나무	지난밤 울울창창하였을 선명한 녹색 나무	208
황벽나무	맑은 얼음을 마시고 청고淸苦한 생활을 추구하는 나무	214
회화나무	학자수라 이름 지어진 벼슬 높은 나무	222

강건하게 보살피는 의리

굴거리나무	폭설 속에서 얼은 듯 애태우는 나무	234
개비자나무	방향을 예측할 수 없는 자유로운 감성을 지닌 나무	240
사철나무	껍질을 벗고 속살을 내보일 때 압도되는 나무	248
백송	줄기의 깨끗한 드러냄으로 귀한 대접 받는 나무	254

그대, 근사한 미인

노박덩굴	지조와 의리, 운치와 품격의 추구하는 나무	264
담쟁이덩굴	생각의 크기로 담을 넘어서는 나무	274
옥잠화	참으로 오랫동안 많은 시인 묵객이 바라본 꽃	280

나무가 만들어내는 신생의 길을 수소문한다.

조경수목을 문화콘텐츠로 바라보는 시각

모든 이의 삶이 융합이고 그가 살아가는 자체가 인문학인 것이다. 나라는 주체와 바깥 대상이 만들어내는 틈새를 읽을 수 있어야 한다. 조경수목을 문화콘텐츠로 바라보는 시각의 출발점이 여기에 있다. 사람과 뗄래야 뗄 수 없이 오랜 역사를 공유하고 있는 게 나무이고, 숲이다. 인류의 문명이 숲의 처소를 빌려 빌딩을 세웠듯이, 조경가는 끊임없이 숲을 경외하며 사람과 나무의 관계에서 새로운 환경의 단초를 읽어내야 한다. 옛 사람의 생각과 그 시대적 상상력의 복원이야말로 문화콘텐츠 창작의 원천이다. 조경수목에 문화콘텐츠의 동력을 입히는 일은 조경가의 또 다른 사회적 역할이다.

내가 서 있는 곳에서 출발할 때, 세상은 살아 있다.

사람에게 주어진 자연환경에서 나무처럼 오랜 기간 동안 친밀한 게 있었을까? 라는 생각을 한다. 그 주고받은 과정에서 만들어낸 생활양식 자체가 문화이다. 나무와 사람이 소통하여 만든 기술, 예술, 관습, 양식 등 참으로 넓고 깊은 관계를 맺고 있다. 사람의 생활 활동에 목적 의미소를 지닌 행위가 있고, 행위의 산물로 이어지는 과정에 놓여 있는 게 문화라면, 문화의 중심에 식물성 사유가 놓인다. 식물성 사유는 곧 생태적 지혜의 또 다른 이름이기도 하다. 내가 서 있는 곳에서 '생의生意'를 인지하는 것이다. '생의'는 천지자연에 널려 있고, 삼라만상에 깃들어 있다. 해서 '살아있음'으로 이치를 깨우치게 한다. '도道'에 다름 아니다. 내가 서 있는 곳에서 '도'를 이루는 과정은 그래서 남의 이야기가 아니다. '도'는 내가 바라보는 시선의 측은지심과 생명에 대한 경외에서 비롯된다. 우주만물의 '살아있음'에 다다를 때, 나무는 새로운 의미와 상상력과 문화콘텐츠로 지금 이 자리에 서 있게 된다. 그래서 조경수목 문화콘텐츠를 생산할 수 있었다. 차이가 있다면 이 책에 수록된 조경수목들은 학교에서 파종하여 기르고 옮겨 심고 가꾸어 보았던 나무들에 대한 콘텐츠이다. 직접 내 몸과 부딪혀서 내 안 깊숙한 곳에 꿈틀대는 나무들이다. 하나같이 주마등처럼 내 기억의 세포들을 불러일으키는 나무들이다. 가능하면 나무를 직관적으로 이해하려고 했다. 직관적인 감성을 근거하여 나무를 받아들여야 하는 것이 나무에게 다가가는 올바른 길이다. 그런 다음에 나무에 대한 인문학적 소양을 탐구하면 될 것이다.

하심의 세계는 나무의 세계이다.

사람에게 나무는 동반자이고 나무와 사람이 만들어 내는 영역은 매우 광범위하다. 그 영역을 둘러보고 산책하는 일이 나무의 인문학일 것이다. 인문학이 내 실생활에 들어오지 않는다면 아무 것도 아니다. 사람이 만들어 낸 모든 것이 문화이고, 문화는 끊임없이 재탄생되어 전해지는 특성을 가졌다. 그 과정에 내가 존재한다. 공허한 울림이 아닌, 몸으로 전해지는 감성과 직관의 자양분은 노동이며 땀이다. 나무를 심고, 캐고, 현장 설계하며 다급한 외침이 존재하는 긴급한 상황 속에서 나무의 콘텐츠를 생산하였다. 그 세월에는 미처 몸을 풀지 않고 해동된 땅에서 시범 보이는 삽질의 봄도 함께 한다. 내 손목의 앨보와 허리는 그때 이미 고장 날 것을 예고한 것이다. 땀 흘린 오후에는 막걸리가 있어서 내일을 꿈꿀 수 있는 동력을 얻었다. 나무와 함께 생활하다 보면 세상 사람들 모두 층지지 않고 참하게 보인다. 나무는 그 어렵다는 경지인, 하심의 세계로 이끄는 힘이 있는 게 분명하다. 나를 내려놓을 수 있는 세계는 나무의 세계다. 아무 때나 만날 수 있고 툭툭 속마음을 털어낼 수 있다. 나무를 쳐다만 보아도 내가 귀해지는 일이건만 서로 나눌 콘텐츠가 있으니 얼마나 좋은가.

신생은 수소문, 매일 아침 예비되어 있다.

새로운 것을 찾아 만들어 내는 신생의 길은 수소문으로 가능하다. 눈 뜨고 일어나면 이미 신생의 길이 놓여 있다. 그러니 찾아 나설 일이다. 새로울 것 없는 나무에게 신생을 수소문하는 것은 근사한 일이다. 살아가는 일이 신생이어야 한다. 이 책은 조경수목으로 쉽게 만날 수 있는 나무로 구성되었다.

다섯 개의 꼭지로 나누었다. 첫 번째 꼭지는 낙엽활엽관목에 해당하는 조경수목이다. 고개를 숙이고 찬찬히 살펴보면 말을 건네 온다. 두 번째 꼭지는 계절을 연결하는 눈높이에서 만날 수 있는 낙엽활엽교목으로 정원에 많이 식재하는 나무로 구성하였다. 세 번째 꼭지는 시원한 바람과 흔쾌한 몸짓을 구현하는 낙엽활엽교목을 배치하였다. 네 번째 꼭지는 강건하게 보살피는 의리의 나무들로서 상록수를 다루었고, 다섯 번째 꼭지는 특별히 근사한 미인으로 비유한 만경목과 지피초화류로 구성하였다. 각각의 콘텐츠에는 나무와 얽힌 내 자신과의 교감이 곳곳에 배어 있다. 문화콘텐츠로서의 운문과 산문이 적절히 녹아 있다. 곳곳에 나무의 에스프리를 운문으로 작성하였는데, 이는 낭독을 하여도 울림이 있다. 이 책을 읽고 나만의 조경수목 문화콘텐츠를 작성해보는 것을 권한다.

조경수목 문화콘텐츠는 생산에 기반을 둔다.

조경 교육 현장에서 조경 수목에 대한 수업을 진행할 때마다 느끼는 게 있다. 조경수목학을 어떻게 활기 있는 수업 장면으로 이끌 것인가에 대한 고민이다. 반복되는 패턴에서 벗어나 다양한 접근 방법으로, 배우는 학생의 입장을 고려하여 뿌듯함을 지니게 하는 방도는 없는 것인가? 그렇게 시작한 것이 문화콘텐츠적 접근 방법이다. 스토리텔링을 접목시켜 내 가까이에 조경 수목이 존재하는 것을 어느 순간 퍼뜩 깨닫게 하는 차별화된 교수 방법이다. 주변에 있는 조경 수목에서 깨달음을 찾아내는 방법이란 대상이 되는 한 나무를 나와의 관계를 선정하여 이끌리는 나무에 대하여 집중적으로 검색하고 사색하며 탐색*하는 과정을 통하여 이해하는 방법을 말한다. 조경수목학은 한 학기 공부하여 마치는 텍스트가 아니다. 오래도록 묵히면서 접근하여야 하는 하

---

* "다들 '돼지'라고 하면 살쪘다고 생각한다. 하지만 돼지 다리가 짧다고 생각하는 사람은 별로 없다. 돼지에 개 정도의 다리만 달아줘도 비대해 보이지 않는다. 다리가 짧으니까 몸집이 뚱보로 보인다. 시점을 바꿔 보면 대상이 달라진다. 이미 일어난 과거를 알려면 검색하고, 현재 일어나고 있는 것을 알려면 사색하고, 미래를 알려면 탐색하라. 검색은 컴퓨터 기술로, 사색은 명상으로, 탐색은 모험심으로 한다. 이 삼색을 통합할 때 젊음의 삶은 변한다."[출처: 중앙일보] 이어령 "암 통보받아…죽음 생각할 때 삶이 농밀해진다(백성호의 현문우답)"

드웨어적 속성을 지닌 교과 과정이다. 그러면서 조경 관련 학문의 가장 저변에 자리 잡고 있다. 보이지 않는 힘으로 전체를 이끄는 아우라를 지닌 교과이다. 생명을 지닌 대상이며, 성장하며 계절에 따라 변화하는 개체의 온갖 순간을 우주에 발현하는 게 조경 수목이다. 곳곳에서 만나며 누구에게나 쉽게 내어 주지만, 아무나 온전히 그를 가질 수 없는 이치이다. 볼 줄 아는 자는 오감으로 예민하게 가까이 할 것이지만, 스치듯 무심하여 온갖 순간을 뭉뚱그려 하나의 이미지로만 인지하는 자에게는 그야말로 먼 나라 뭉게구름 하나 떠다니는 한 번 흘낏 보는 행위일 것이다. 누가 더 세상을 윤택하게 가꿀 수 있겠는가. 조경수목학 공부 방법은 조경수목 문화콘텐츠를 창작하는 데 있다. 일단 글쓰기를 통하여 콘텐츠로서의 가치를 입혀 나간다면, 어느 순간 조경 수목에 대한 공부가 재미있고 다양한 수목학 용어들이 친근해진다. 조경 수목을 검색과 사색, 탐색의 삼색으로 이해하는 방법을 찾았으면, 이제는 직접 대상과 관계 맺기에 돌입하여야 한다. 주의깊게 파악하는 관찰, 음미하고 생각을 펼치는 고찰, 담박에 전체 구조와 흐름을 파악하는 통찰, 이 세 개의 삼찰이 관계 맺기 방법이다. 여기에 더하여 나의 내면을 대상으로 진전된 살핌인 성찰이 필요하다. 삼색으로 이해하는 방법을 정립하고 삼찰로 관계 맺으며, 성찰을 통해 문화콘텐츠로 창작하는 조경수목학 공부 방식을 권하는 것이다. 그래서 조경 수목 공부의 시작은 조경수목 문화콘텐츠 생산에서 비롯된다는 것을 기억하면 훌륭하다.

2019년 1월 22일
조경문화콘텐츠창작소 『나무와 함께』
온 형 근

1

"고개 숙여
친밀한 정감"

영춘화 / 싸리 / 찔레꽃 /
괴불나무 / 백당나무 / 쥐똥나무 / 해당화

싸리의 꽃은 예쁘다
한여름부터 피기 시작한다
꽃은 작지만 순수하고 소박하다
배롱나무만 100여 일 꽃이 피는 게 아니다
싸리의 꽃도 피는 기간이 그렇게 길다
꽃이 부족한 시기에 피어 꿀벌에는 귀한 대접을 받는다
아주 세심하게 가까이 다가가 일삼아 바라본다
붉은색 계통의 촘촘한 꽃이 나비를 닮아 있다
나비를 닮은 붉은색 꽃이 좋아 한참 넋 놓고 쳐다보게 한다

영춘화
녹색의 어린가지에서 숨김없이 드러내는 나무

봄의 실체를 먼저 만나는 방법은 영춘화와 사귀는 일이다.

학 명_ *Jasminum nudiflorum* Lindl.
영문명 _Winter Jasmine

봄을 영접하다

봄의 실체를 먼저 만나는 방법

영춘화 화분을 하나 구했다
꺾꽂이 번식을 위하여 어미나무로 가져왔다
거실에 두니 하루가 다르게 꽃망울이 꿈틀댄다
영춘화는 한자로 迎春花이다
봄을 맞이하며 환영하는 꽃이다
모리스풍년화, 풍년화, 생강나무, 산수유, 개나리
꽤 많은 나무들이 봄의 전령사로 이름 불리지만
영춘화는 아예 봄을 노골적으로 이름에 넣고
내가 너를 따뜻하게 환영하며 맞이한다고
봄의 실체를 명찰로 달고 있다

꽃은 노란색의 통꽃이며
각 마디에 마주 달린다.

어린가지는 녹색이고 네모나다

꽃은 잎보다 먼저 피고 노란색의 통꽃이며 각 마디에 마주 달린다. 이른 봄에 피는 개나리와 꽃이 비슷하지만 크기가 작고, 꽃이 피는 어린가지는 녹색이고 네모진다. 보통 능선稜線이라고 부르는데, 모가 난 선으로 이어져 있다고 보면 된다. 개나리가 4갈래로 갈라진 통꽃이라서 골든 벨(Golden bell, 황금종)이라는 이름을 가지고 있지만, 영춘화는 6갈래로 갈라져 수평으로 퍼지는 넓은 깔때기 모양이다. 만리화 역시 노란색 꽃을 피우는데, 4갈래로 갈라져 뒤로 젖혀진다. 전체 수형을 보면 가지가 많이 갈라져서 옆으로 퍼지고 위에서 밑으로 처지는 성질이 있어 땅에 닿은 곳에서 뿌리가 또 내린다. 잎은 마주나게 달리고 3출엽이다. 가운데 달리는 작은잎이 측면에 달리는 작은잎보다 큰편이다. 끝은 바늘처럼 뾰족하고 가장자리가 밋밋하다. 이것이 일반적인 영춘화에 대한 식물학적 정보다.

1월 27일 즈음한 영춘화 분재, 어린 가지는 네모지고 녹색이며 털이 없다.

재스민이라는 이름을 달고 있으나 향기가 없다

영춘화의 학명은 *Jasminum nudiflorum* Lindl.이고, 영명은 Winter Jasmine이다. 학명이나 영명에서 재스민이라는 말이 나오지만 향기가 없다. 포항에서 분재를 취미로 하는 매형에게서 얻어 온 화분이 거실에 앉자마자 꽃눈이 터지려고 한다. 첫 번째 찍은 사진의 날짜가 2009년 1월 27일 09시 54분이었다. 꽃눈이 제법 붉은 빛이 돈다. 아직은 이 꽃눈에서 노란색 꽃을 느끼기는 이르다. 그러다가 다시 이틀 후에 사진을 찍었다. 어린가지는 녹색으로 사각이고, 오래된 가지는 회갈색이었다.

2009년 1월 29일 출근 전에 07시, 07시 03분에 찍은 사진이다. 이미 노란색 꽃망울이 장하게 비집고 몸을 틀고 있다. 내일쯤은 꽃이 핀 사진을 얻을 수 있을 정도다. 1986년 9월에 이천에 있을 때 이 나무와 만났으니 꽤 오래된 친구다. 그때 밭에 삽목하여 숱하게 심어져 있었다. 아마 분재 소재로 이용되는 나무였고, 실제로 지금도 분재 소재로 만들어져 봄 한 철 사람들의 봄맞이 기분을 들뜨게 하는 나무이기도 하다. 물푸레나무과에 속하는 것을 보듯이 생명력이 매우 강한 나무이다. 전년도 신초에서 꽃눈이 형성되어 이듬해 봄에 개화한다. 붉은빛의 꽃눈을 싸고 있던 껍질을 툭 치며 달려 나온다.

1월 29일 즈음한 영춘화 분재. 꽃은 양성화이고 지난해 가지의 잎겨드랑이에 노란색으로 1개씩 핀다.

경사지 피복 조경용으로 적합한 용도

조경용으로 사용하는 방법은 거의 지피식물로 이용할 수 있겠다. 약간 높은 지피식물이 되겠다. 하지만, 가지가 땅에 닿으면 곧바로 다시 뿌리를 내리므로 지면을 피복하는 데에는 적당하고 성질이 강건하다. 이른 봄에 노란색 영춘화 꽃이 집단으로 피었다면 얼마나 장관일까. 그렇게 군식으로 식재해야 할 나무이다. 삽목이 잘되므로 전년도 가지 삽목을 봄에 하거나, 여름에 새로 나온 녹지와 전년도 가지를 함께 붙여 삽목하는 방법도 있다. 큰 시설이 필요한 게 아니고, 노지에 직접 삽목하여도 번식이 잘된다.

영춘화 소재 개발의 유용성

이러한 좋은 소재를 재배하지 않는 것은 직접 조경용으로 이용하는 경우가 많지 않거나, 조경 식재 환경에 들어맞지 않기 때문이다. 그리고 소재가 관목이다 보니 기르다가 많아지고 팔리지 않으면 다른 나무로 대체하기 위하여 버려지기까지 한다. 고집스럽게 영춘화를 다양한 품종으로 개발하여 영춘화의 꽃 피는 기간을 늘릴 수 있고, 제대로 많은 양을 매년 일정하게 공급할 수 있으면 영춘화를 특화하여 창업도 가능할 것이다.

영춘화를 조경용으로 식재할 때에는 경사지를 활용하는 것도 한 방법이다.

영춘화의 꽃망울, 이제 시작이다

2009년 1월 31일 순천을 떠나기 위해 나서는데, 한 송이 꽃이 살포시 피어 나를 봐달라고 애틋하게 손짓한다. 꽃은 피었고, 꽃봉오리는 피려고 부풀어 있다. 세상의 많은 것들이 저렇게 피려고 부풀어 있는 저런 상태에서 아름답다. 『주역』에서 말하는 건乾의 네가지 원리인 원형이정元亨利貞의 원의 모습이 저 꽃봉오리를 닮았다. 원형이정은 사물의 근본 원리로 '원元은 크고 으뜸, 형亨은 발전하며 통하는 것, 이利는 얻음, 정貞은 동하지 않고 굳게 지킴'을 뜻한다. 또 '원'은 만물의 처음으로 봄에 속하고 인을 뜻하며, '형'은 만물의 성장으로 여름에 속하며 예의를 뜻하고, '이'는 만물의 이룸으로 가을에 속하며 옳음을 뜻하고, '정'은 만물의 완성으로 겨울에 속하며 지혜를 뜻한다고 괘효사卦爻辭에서 설명한다.

1월 31일 즈음한 영춘화 분재, 실내

2월 1일 즈음한 영춘화 분재, 화관은 넓은 깔때기 모양이고 갈라져 수평으로 퍼진다. 갈래조각은 도란형이다.

외출 후 궁금해지는 영춘화의 꽃

영춘화의 조경적 특성을 꽃, 잎, 가지 등의 형태적 특성으로 조사한 연구를 보면, "6년생 영춘화는 수고 2.28m, 줄기 굵기는 4.9mm로서 수형은 능수형"이라 하였다. 이는 영춘화를 분재 등 화분에서 키우지 않고 자연상태의 조경용으로 생육하였을 때의 조사내용이니 군식용으로 충분히 활용할 수 있는 가능성을 보여주고 있다. 또한 "꽃은 잎보다 먼저 피며, 단정화서로 꽃잎의 색은 밝은 노란색, 꽃받침의 색은 연녹색이었으며, 꽃의 길이는 2.3cm였고, 암술 수는 1개, 수술 수는 2개"라고 하였다. 흥미로운 것은 꽃 피는 기간에 대한 비교인데(2001년 조사 시점), "3월 19일에 개화하였고, 만개는 3월 31일, 낙화는 4월 17일이었으며, 전체 개화기간은 29일로서, 개나리(22일)와 히어리(16일)보다 긴 것"이라고 발표하였다.(한승현, 심경구, 하유미, 한국원예학회, 원예과학기술지 20(S1), 2002, 134-134.)

싸리
흔하지만 강인하여 쓸모가 많은 나무

자연의 노란 물감으로 존재감을 한층 끌어 올리는 싸리

학 명_ *Lespedeza bicolor* Turcz.
영문명_ Shurb Lespedeza

작고 예쁜 노란 손수건의 가을

흔하지만 그 종류가 스무 가지가 넘는다

가을이면 작고 예쁜 노란 손수건이 걸려 있는 들판으로 나간다. 싸리를 만나러 나선다. 가까운 곳 어디를 가도 흔히 볼 수 있다. 산을 깎아 길을 만든 절개지 언덕, 공원을 다듬으며 만들어 낸 경사지 곳곳에 어쩌면 흙이 무너지지 말라고 심어 놓은 나무이다.

싸리는 눈을 호강시키고자 심는 게 아니라 특정 목적을 수행하고자 식재한 나무이다. 토목 공사로 벗겨진 토양을 고정시키는 데 매우 유용한 식물 소재이다. 싸리는 콩과식물의 전유물인 공중 질소를 고정하는 능력이 있다. 우리나라에서 자생하는 싸리는 20여 가지가 넘는다.

싸리는 가까운 곳에서 쉽게 만날 수 있는 나무이다.

꽃 피는 기간이 대단히 길다

싸리 꽃은 예쁘다
한여름부터 피기 시작한다
꽃은 작지만 순수하고 소박하다
배롱나무만 100여 일 꽃이 피는 게 아니다
싸리의 꽃도 피고 지고 피고 지어 길어 보인다
꽃이 부족한 시기에 피어 꿀벌에는 귀한 대접을 받는다
아주 세심하게 가까이 다가가 일삼아 바라본다
붉은색 계통의 촘촘한 꽃이 나비를 닮아 있다
나비를 닮은 붉은색 꽃이 좋아 한참 넋 놓고 쳐다보게 한다

나비 모양의 붉은색 꽃이 한참을 보게 한다

나비 모양의 붉은색 꽃을 피우는 콩과식물의 싸리 속에는 싸리 말고도 조록싸리, 참싸리, 해변싸리 등이 있다. 가장 흔하게 만나는 것이 싸리, 조록싸리, 참싸리로 모두 잎 대궁 하나에 잎이 3개씩 달리는 3출엽이다. 조록싸리만 잎 끝이 뾰족하고 싸리와 참싸리는 동그스름하다.

싸리는 꽃대의 길이가 4~5cm로 잎보다 크고, 참싸리는 꽃대가 1~2cm로 잎보다 작다. 밑에서부터 많은 가지가 올라오는데, 자연스럽게 둥근 모양으로 자란다. 바깥 가지가 바깥을 향하여 자연스럽게 늘어지기 때문에 수형이 단정하다. 줄기나 가지는 겨울철에 반 이상이 말라죽는다.

내가 군대생활을 할 때에도 가을이면 일삼아 산으로 나가 싸리를 잘라 와서 겨울나기를 준비하였는 데, 주로 싸리비를 만드는 일이었다. 마당을 쓸고 겨울 내내 눈 치우는 데 싸리비를 이용하였다. 묵은 가지를 잘라주면 새로운 가지가 더 많이 돋아나서 생육이 왕성해지니 누이 좋고 매부 좋은 일이다.

나비 모양의 붉은색 꽃이 앙증맞다

싸리의 다면적 활용은 생각보다 넓다

어릴 때 시골에서 집을 수리하는 것을 본 적이 있다. 벽체가 지금처럼 단단하지 않아 발로 차면 구멍이 나기도 했다. 어떤 집은 수수깡으로 엮었고, 어떤 집은 싸리를 엮어서 진흙을 개서 수리하였다. 물론, 수수깡보다는 싸리가 훨씬 단단하다. 실제는 소나무나 느티나무였지만 싸리나무로 기둥을 하였다고 전해지는 건축물이 있다. 담양 척서정, 울산 만정헌, 마곡사 대웅보전, 김천 직지사 일주문, 신륵사 극락전 등이 싸리로 만든 둥근기둥(두리기둥)을 사용했다고 한다.

싸리는 나무 줄기가 단단하고 탄력이 강하여 많은 생활용품에 사용되었다. 가장 흔하게 볼 수 있는 것이 싸리로 만든 빗자루이다. 전통 민속마을 답사를 가도 싸리를 엮어서 만든 문을 많이 볼 수 있다. 소쿠리, 지게 위의 발채, 물건을 담아 옮기는 삼태기, 곡식 고르는 키, 물고기를 잡는 통발, 고리, 채반, 도시락, 술을 거르는 용수 등 나열하기 어려울 정도로 싸리는 베어지고 또 베어져 실생활의 갖은 생활도구로 되살아난다.

싸리로 만든 생활용품은 살림의 필수품

싸리로 만든 채반

　이제는 잊혀져 만들지 않지만 만드는 방법이 기록으로 남아 있다. 고리는 싸리와 대나무로 만들고 떡이나 엿 등을 멀리 보낼 때 사용한다. 싸리 껍질을 벗겨 잘게 쪼개 밑이 약간 둥그스럼하게 엮고 옆은 대나무로 처리하여 매듭한다. 결혼 후 사돈댁에 떡, 엿 등의 특별한 음식을 담아 보낼 때 쓰이므로 떡고리라고도 부른다. 다락에 얹어 놓고 떡이나 엿을 두기도 한다.

　채반은 원형, 육각형, 사각형, 광주리형 등의 여러 모양이고 대나무나 싸리로 만들었으며 생선, 채소 등을 말릴 때 사용한다. 크기와 모양이 다양하며 통기성이 좋게 만든다. 예를 들면, 지름 43㎝, 높이 10㎝ 정도로 밑은 납작하게 엮는다. 부침개, 부치미 또는 여러 가지 전을 일시 보관하거나 물에 젖은 음식 재료를 말리는 데 쓰인다. 삼태기는 멍석이나 마당에 널려 있는 곡식을 고무래 갈퀴 등으로 긁어 담을 때 사용하는 용기이다. 싸리를 잘게 쪼개어 삼각 모양으로 뒤는 둥들게 엮고 앞은 납작하게 엮는다. 감자 따위를 캐서 담거나 큰 그릇으로 운반할 때, 멍석에 말린 벼나 보리 따위를 고무래로 긁어 담을 때, 잿간에서 재를 퍼서 수레에 실을 때 등 여러 가지로 쓰이므로 거의 모든 농가에서 비치하고 있었다.

나를 키운 것은 싸리 회초리다

필요하지 않지만 필요할 때가 있는 회초리 역시 싸리로 만들었다. 회초리는 이제 물건 자체의 이름보다는 무언가 꼭 필요한 부분을 들춰서 꼭 집어 말하는 행태에 비유되기도 한다.

옛날에 어떤 사람이 고을 원님이 되어 부임지로 가는 길에 싸리를 발견하고는 가마에서 내려 싸리에 대고 계속 절을 하였다. 주위에서 이 모습을 지켜보던 사람들이 왜 그러느냐고 물었다. 이 사람은 자기가 고을 원님이 될 수 있었던 것은 스승의 은덕이기도 하지만 싸리 매로 맞은 덕분이기도 하다고 하였다. 싸리 덕에 열심히 공부하여 고을 원님이 되었으니 고마워서 자꾸 절을 한다는 것이었다. 열심히 공부하게 해 준 매가 싸리였으니 절을 하고 고마움을 새기는 것이었다.

불에 타는 소리가 시끄러울 정도로 용맹하다

우리나라 활에 대한 기록을 살펴보면 『계림유사』에 "궁을 활이라고 한다. [궁왈활弓曰活]", "쏘는 것을 활 쏘아라 한다. [사왈활삭射曰活索]"고 기록한 것으로 보아 '활'과 '활 쏘아'는 우리 고유어임을 알 수 있다. 화살이 활 쏘아에서 유래하였다. 화살의 구조를 보면 몸체는 대나무, 오늬는 싸리, 깃은 꿩깃이다. 오늬를 싸리로 만든다는 것이다. 오늬는 '화살의 머리를 활시위에 끼도록 에어 낸 부분'을 가리키는 몽골어이며, 화살 윗부분을 말한다. 오늬를 활시위에 끼고 활을 당겨야 화살이 시위를 떠나 과녁을 향해 날아갈 수 있다. 이 '오늬'란 말은 몽골어 '호노'가 고려시대에 들어와 빌려 쓴 낱말이다. 국어사전에는 '오늬 목(木)', '오늬 무늬', '오늬 바람' 등의 낱말도 실려 있다. 오늬 바람은 덜미 바람이라고도 하는데, 사대에서 과녁으로 부는 바람이다. 화살의 오늬 쪽에서 부는 바람이라는 말이다 [어원을 찾아 떠나는 세계문화여행(아시아편), 2009. 9. 16., 박문사].

싸리는 비중이 0.88이나 되어 단단하기가 박달나무에 가깝다. 수분도 다른 나무에 비해 적어서 불이 잘 붙고 화력이 강하여 땔감으로도 유용하다. 불에 타는 소리가 매우 시끄러울 정도로 용맹하게 불에 탄다. 그래서 싸리는 횃불로도 쓰였다. 『한국 역대 제도 용어 사전』에는 '축목杻木'을 '싸리, 횃불에 사용함'이라 했고, 『우리말 발음 사전』에 홰는 '새장, 닭장의 홰, 횃불을 켜는 싸리나 갈대 묶음'이라고 했다.

싸리는 땅을 무너지지 않게 지지하는 역할을 한다.

사람의 일상에서 곁을 지키며 함께 소용되던 나무

싸리는 땅을 무너지지 않게 지지하는 역할을 한다. 일상에서 소용되는 생활도구가 많은 것을 보면 굉장히 오랫동안 사람과 가깝게 사귄 나무 중 하나인 게 분명하다. 그럼에도 너무 흔하여 큰 대접을 받지 못했나 보다. 분명한 쓰임새와 분명한 용도가 있음에도 희소가치에 까탈스러움을 발휘하지 않았다. 그만큼 번식력이 뛰어나고 집단으로 모여 군식의 효과와 함께 군락을 이루는 힘이 매우 강하다. 그러나 이러한 기능적인 면만 가지고 싸리를 평가하기에는 가을 한 철의 노란색 단풍의 잔치는 안복이라 하기에 조금의 부족함도 없다.

누구의 시샘에도 아랑곳 하지 않고 의연하다

서리 내려 숲이 사그라지기 직전의 싸리 단풍의 뽐내는 풍경에 취해 본 적이 있는가. 한번이라도 경험하지 못하였다면 지금 당장 들로 산으로 슬쩍 발길을 내디뎌 봐라. 어찌 저 나무를 싸리비로 소쿠리로만 평가하고, 절개지의 사면 녹화의 기능으로만 대할 수 있겠는가. 한 계절 특정 시기에 어느 누구의 시샘에도 아랑곳 하지 않고 의연하게 노란 손수건을 매달고 있다. 바람에 휘날리며 꿈과 약속을 새겨주는 듯 하염없이 손짓한다. 가까이 다가가 마주하고, 돌아서는 내내 뒤돌아보게 한다. 멀어질수록 볼 만한 자연의 노란 물감이 풍경의 잔치가 되어 하루 종일 등이 노랗게 물든다. 가을 잎의 노란색이 봄꽃의 노란색보다 눈부신 것은 또 무언가.

삼국사기와 삼국유사 '온달'조에 보면 공주가 열여섯 살이 되어 평강왕이 시집 보내려 할 때, "임금은 희롱하는 말을 하지 않는다"며 온달과 결혼하겠다고 하고 궁궐을 나와 온달의 집을 찾는 장면이 있다. 집에 이르러 온달의 어머니에게 가까이 가서 절하고 그 아들을 찾는데, 온달의 어머니와 온달 모두 공주를 귀인이니 둔갑한 여우니 하며 돌아보지 않았다. 공주는 온달의 싸리 문 앞에서 하룻밤 노숙을 한다는 것이다. 이때 이미 싸리의 용도가 문으로 쓰일 정도로 다양한 쓰임새로 실생활 속에 함께 이용되었음을 알 수 있다. 그 내용을 소개하면 다음과 같다. 대사의 결이 곱고 내용이 아름답다.

온달의 어머니는 "내 아들은 가난하고 또 누추하니, 귀인이 가까이할 사람이 못됩니다. 지금 당신의 몸 냄새를 맡으니 향기가 이상하고, 당신의 손을 만져보니 부드럽기가 마치 솜과 같습니다. 반드시 세상에서 가장 귀한 사람일 것인데 누구에게 속아서 이곳에 왔습니까? 내 아들은 주림을 참지 못해, 느릅나무 껍질을 벗기러 산속으로 가서 오래되었는데도 아직 돌아오지 않았습니다." 공주는 찾아나가서 산 밑에 이르러 온달이 느릅나무 껍질을 짊어지고 오는 것을 보고, 공주는 그에게 자기 회포를 말하니, 온달은 갑자기 안색을 바꾸며 말했다.

"이곳은 어린 여자가 다닐 곳이 아니다. 틀림없이 사람이 아니고 둔갑한 여우 귀신이다. 내게 가까이 오지 말라."며, 마침내 돌아보지도 않고 가버렸다.

공주는 홀로 돌아와서 싸리 문 밑에서 자고 그 이튿날 아침에 다시 들어가서 그 모자에게 자세히 사정을 말했으나 온달은 우물쭈물하면서 결정하지 못했다. 어머니는 말했다.

"내 아들은 지극히 누추하니, 귀인의 배필이 될 수 없으며, 우리 집은 지극히 가난하니, 진실로 귀인의 거처할 곳이 못됩니다."

공주는 대답했다.

"옛사람의 말에 '한 말 곡식도 오히려 찧어 양식이 될 수 있고, 한 자 베도 오히려 꿰매어 옷이 될 수 있다'고 했으니 진실로 마음만 같다면 하필 부귀를 해야만 같이 살 수 있겠습니까?"

찔레꽃
빗속에 환하게 담장을 덮고 있는 진심의 나무

찔레꽃은 생물다양성을 유지하는데 매우 귀중한 자원이다.

학　명_ *Rosa multiflora* Thunb.
영문명_ Baby Rose

찔레꽃 향기 바람을 타고

국립산림과학원 산림텃밭의 찔레꽃

며칠 전 국립산림과학원 산림텃밭 시험지에 다녀왔다. 대학 때 샌드페블즈Sand Pebbles를 하던 후배의 근무지이다. 20여 년만에 만났다. 나는 그만큼의 세월을 동고동락한 또 다른 한 후배와 함께 갔다. 3명 모두 부부 동반으로 다녀왔다. 새롭고 기뻤다. 시험지에서 동분서주 연구하였을 후배를 생각하면서 기분이 남달랐다.

산림 실용화 이용에 관한 연구를 실천으로 옮기느라 노력하였을 후배의 시간들이 가슴을 저민다. 그의 세월이 내가 일궈 낸 학교에서의 포장 운영 경험과 맞물려 주마등처럼 빠르게 떠오른다.

"지금까지 가장 큰 애로 사항은 뭐였지?"

혼잣말처럼 묻는다.

"나를 끊임없이 이해시키고 설득하는 거였겠지."

스스로 대답한다.

그와 나는 같은 길을 걷고 있었다. 후배가 만들었다는 비오톱에 눈길이 머문다. 도랑을 끌어 모은 제법 큰 웅덩이다. 비오톱을 조성하여 뭇 생명들의 보금자리를 만든 것은 멋진 일이다. 곳곳에서 생산되는 간벌목으로 곤충호텔을 만든 것도 수수하다. 그 뛰어난 미감이 아직 기억에서 떠나지 않는다. 포지 경계 역할을 하는 통나무울타리는 그 자체로 곤충호텔이다. 그리고 돌로 쌓은 담장은 파충류의 겨울 근거지로 훌륭하게 이용되고 있다. 뱀은 크고 작은 바윗돌로 쌓은 따뜻한 곳에서 겨울을 보낸다. 특히, 찔레꽃울타리에 꽂혔다. 무당벌레 등 작물 재배에 이로운 익충들이 군웅할거할 수 있는 곳이다. 이런 생태를 조성하여 유지하는 것은 단시일에 되는 게 아니다. 끊임없이 발길을 재촉하여 찾아다녔고, 하나의 생각에 또 다른 생각을 보태고 익혀서 군불을 때야 가능하다.

후배의 시험지에서 참 많은 시사를 얻는다. 함께 간 또 한 명의 후배와 은밀한 눈짓을 교환하였다. 300평, 600평 하면서 어쩌면 둘의 눈빛에서 정년 후의 어떤 도발을 공유하였는지도 모르겠다.

간벌목을 일정한 간격으로 잘라 개켜 쌓아 공간을 구획하고 곤충호텔 역할로 이용하였다.

찔레꽃 향기 하나만으로도 청정해진다

그 향기에 들뜨기도 한다
어디에서 비롯되는 향기일까
그 근원을 궁금해 한다
어디에 뭉쳐 있다가 쏟아 내는 것인지
얼마나 긴 시간 속앓이를 하고 나서
내뿜는 향기일지
그의 처녀성에 몸 둘 바를 몰라 한다
순수함
그리고 은근히 빛을 내는 기품이
보면 볼수록 가슴을 저리게 한다
가까이 두고 오래 간직할 만하다
찔레꽃 향기 바람을 가로막는다

찔레꽃 향기 하나만으로도 청정해지는 느낌이다.

찔레꽃과 가뭄에 대한 사유

한국속담사전에는 "찔레꽃이리에 비가 오면 개턱에도 밥알이 붙게 된다."는 말이 있다. '꽃이리'라는 말은 '꽃이 필 무렵'의 북한말이다. 가뭄을 많이 타는 늦봄에 적당히 비가 자주 오면 농사가 잘되어 풍년이 든다는 말이다. 찔레꽃이 피는 계절에 가뭄이 자주 든다. 가뭄이 드는 계절에 찔레꽃이 핀다. 그러니 찔레꽃이 비에 적셔 있는 날이 많아야 생활이 윤택해진다.

찔레꽃은 오래도록 우리 선조들의 삶과 정서를 함께 하였다

『이이화의 한국사』를 보면 '뿌리를 잃고 떠도는 하층민'의 〈자작농 칠성이의 일기〉에 자작농의 생활 수준을 알아보는 내용이 있다. 칠성이의 일기는 잡지 『조선농민』에 게재된 내용이다. 여기서도 찔레꽃에 대하여 "대추나무에

뿔나고 찔레나무에 꽃이 피거든 딸의 집에도 가지 마라."고 했다. 묵은 곡식은 다 떨어지고 햇곡식은 아직 나오지 않아 먹을 것이 궁핍한 봄철, 춘궁기의 어려울 때에는 너나없이 먹을 것이 부족하니 시집 간 딸의 집에도 방문을 삼가라는 말이다. 그러니 찔레꽃의 그 수수한 아름다움을 바라보는 슬픈 시선을 느낄 수 있다.

『한국민속대관』에도 '찔레꽃 가뭄'에 대한 이야기가 있다. 모심기에 가장 적합한 시기는 음력 5월 하지夏至 전후 3일이다. 이때를 놓치면 늦모로 들어가서 적기를 잃게 된다. 또, 이때쯤이면 찔레꽃이 한창 만발한다. 이 무렵에 비가 오지 않아 가뭄이 드는 경우가 많은데, 이를 일러 '찔레꽃 가뭄'이라고 짧게 단정 짓는다. 원망과 포기의 심정에 어떤 뜻 모를 결기를 담고 말하는 찔레꽃 가뭄이란 말은 이제 어떻게 살아야지 하는 긴 한숨이 슬프게 깔린다.

소리꾼 장사익의 "찔레꽃 향기는 너무 슬퍼요."는 애절하다 못해 처절한 정서로 슬픔을 건드린다. 먹을 것 없어 인간으로서의 고결함조차 입에 담지 못했던 한의 정서를 담아내고 있다. 춘궁기를 모르는 세대에게도 그의 정서는 한과 슬픔의 유전자를 들춘다.

찔레꽃은 담장을 덮어 무성하네

조긍섭의 『암서집巖棲集』 제2권에는 비 오는 날 찔레꽃 풍경이 차분하게 그려진 시가 있다.

우중에 주자의 운으로 읊다 2수〔雨中 用朱子韻 二首〕

남풍이 싸늘한 비 내리게 하여 / 南風動寒雨
자욱하게 서쪽 정원으로 들어오네 / 靄靄入西園
안개는 수목을 감싸 어둑하고 / 烟雲棲樹暗
찔레는 담장을 덮어 무성하네 / 蒺藜覆墻繁
이때에 단정히 기거하는 사람 / 是時端居子
생각이 무궁한 데로 들어가네 / 思入無窮門
다만 띠 지붕 처마 아래 / 但聞茅簷下

그윽한 새 서로 지저귐이 들리네 / 幽鳥相與言
향기로운 난초가 앞 숲에 있으니 / 芳蘭在前林
푸른 잎 어찌 그리 무성한가 / 碧葉何蒨蒨
저 그윽한 향기를 풍겨 / 散彼馨香氣
이 빈 방에 스미게 하네 / 入此虛堂徧
내 사랑하노니 그 덕의 아름다움 / 我愛其德美
또한 사람 가운데 선비와 같음을 / 亦如人中彥
흉금을 열고 가서 찾으나 / 披襟往從之
그윽하게 홀로 처하여 볼 수 없네 / 幽獨無由見
ⓒ 부산대학교 점필재연구소 | 김홍영 (역) | 2013

담장을 덮고 있는 찔레꽃이 빗속에 환하다. 앞 숲에는 난초가 그윽한 향을 내고 있어 고요한 풍경 속에 홀로 생각에 잠겨 있다. 찔레꽃이 피었고 마침 비가 오고 있다. 농사짓는 이들 모두 기쁜 마음으로 밖을 내다보고 있다. 대개 음력 5월 초순에 해당한다. 찔레꽃과 비는 이렇게 오래도록 병치되어 사유되고 있다. 찔레꽃은 생명력이 강하여 어디에서나 쉽게 볼 수 있는 생활 속 친근한 식물로 인용되고 분별된 것을 알 수 있다.

습지생태원 조성과 비오톱 환경에 적합한 찔레꽃 군락지

둠벙이나 묵논은 그 자체가 비오톱이다. 여기에 비집고 들어가 군락을 만드는 게 찔레꽃이다. 따라서 찔레꽃 군락지를 조성하여 습지생태원을 만들 경우 무당벌레 등 순환 작물 재배에 유익한 곤충의 서식지를 제공할 수 있다. 찔레꽃 군락이 중요한 자원식물로 식재 조성해야 하는 당위성을 찾을 수 있다.

습지생태원에 도입 할 수 있는 식물종으로는 다음과 같이 집중도입과 일반도입, 잠재도입으로 구분한다.
- 집중도입군 : 부들, 줄, 창포, 물달개비, 물봉선, 미나리
- 일반도입군 : 갈대, 가래, 마름, 흑삼릉, 송이고랭이, 골풀, 돌피, 낙지다리, 물억새, 동의나물, 찔레꽃

· 잠재도입군 : 버드나무류, 신나무, 참느릅나무, 참나무류, 찔레꽃, 조팝나무, 도루박이, 산조풀, 좀진고사리, 뱀딸기, 으름덩굴, 새콩

찔레꽃 생울타리와 엄나무가 섞여 있는 무당벌레의 서식지

주연부나 척악지의 복원 수종

산림의 주연부는 식생다양성이 높고 풍부한 먹이자원 다양한 유형의 은신처로 그 가치가 생태적으로 매우 중요하다. 주연부는 곤충, 새 등의 동물에게 다양한 서식환경을 제공한다. 또한, 다른 인근 지역에 비하여 생물다양성과 개체군 밀도가 매우 높다. 따라서 찔레꽃 군락지 연장 길이가 길수록 곤충 및 새에게 좋은 서식환경이 된다.

찔레꽃의 군락지의 연장 길이가 길수록 곤충 및 새의 좋은 서식처가 된다.

찔레꽃은 햇빛을 좋아하는 수종으로 척박하고 건조한 환경에서도 잘 자란다. 추위에 강하고 맹아력이 우수하여 생장력이 강하다. 무엇보다도 내습성이 뛰어나 습지 환경에서도 잘 자란다. 환경의 복원력이 강한 수종인 찔레꽃의 줄기는 끝이 밑으로 처져 덩굴성 수형을 형성한다. 전정에 강하고 가지와 잎이 치밀하여 산울타리용이나 입면녹화수종으로 적합하다. 초여름의 순백색 꽃은 향기가 좋고, 가을철의 붉은색 열매도 탐스럽고 전체적으로 야생의 멋이 있다.

찔레씨와 꽃과 뿌리를 약용으로 이용한다.

찔레꽃은 꽃과 열매, 뿌리, 새순, 뿌리에 기생하는 버섯이 약으로 사용된다. 『세종실록』지리지에 찔레씨蒺梨子가 약재로 기록되어 있다. 찔레꽃의 꽃은 '장미화薔薇花'라 하여 이것을 잘 말려 달여 먹으면 갈증을 해소하고 말라리아에 효과를 볼 수 있다. 뿌리는 이질, 당뇨, 관절염 같은 증세에 복용할 수 있다. 열매는 불면증, 건망증 치료에 좋고 각기에도 효과가 있다.

안덕균의『한국의 약초』에는 찔레꽃의 열매를 영실營實이라 하며 "맛은 시고, 약성은 서늘하다. 노인이 소변을 잘 보지 못할 때와 전신이 부었을 때 쓰고, 노인이 불면증으로 꿈이 많을 때, 건망증 및 쉽게 피로하고 성기능이 감퇴되었을 때에 유효하며, 피부종기, 악창에 활용된다."고 하였다.

찔레꽃의 열매를 영실이라고 하는데, 맛이 시고 약성이 서늘하다고 한다.

조태동의『한국의 허브』에서 찔레의 용도를 "약용, 염료용, 인테리어 소품, 포푸리, 차, 허브 가든에 쓰인다."고 하였다. 열매는 꽃꽂이 소재로 사용하는데, 늘어지면서 분위기를 사로잡는 강한 주제를 표현하기에 좋다.

열매를 차나 탕으로 이용하는 방법은 2가지가 있다. 첫 번째는 열매에 푸르스름한 기색이 조금 남아 있을 때 따서 햇볕에 바짝 말렸다가 이용하는 방법이고, 또 하나는 아예 8~9월에 반쯤 익은 열매로 그늘에 말려 사용하는 것이다. 이때도 물에 넣고 달여서 복용하는 게 좋다. 우려먹는 것이 아니라 달여 먹는 것을 권한다. 말린 열매를 가루 내어 말차처럼 사용하여도 괜찮다. 꽃잎은 음지에 말려 포푸리용 소재로 쓰면 그 향과 멋을 즐길 수 있다.

괴불나무
꽃이 피기 시작하려 할 때가 가장 예쁜 나무

수원농생명과학고등학교 연못 근처 화단 끝에 식재한 괴불나무

학 명_ *Lonicera maackii* (Rupr.) Maxim.
영문명_ Amur Honeysuckle, Woodbind

그 자리에 그 나무가 있으면 행복하다

조경문화답사연구회 '다랑쉬'

 봄이 어느 정도 무르익을 때쯤 조경문화답사가 있다. 수원농생명과학고등학교에서 근무할 때, 나는 운전을 못하는 사람이라 꽤 많은 혜택을 입었다. 답사 모임의 장소로 멀리 나서지 않고 주로 내 근처로 사람을 모을 수 있었다. 연못 주변 평의자가 주는 편안함을 함께 공유하고 싶기도 했다. 연못 주변 주차장에 차를 대면 바로 코 앞에서 만날 수 있게 끔 기다린다. 그렇게 벌어 놓은 시간만큼 무슨 일거리를 해 댔을 것이다. 아마 일 중독이거나 동시다발적으로 일을 하는 데 익숙해져 있었다. 일과 일 사이에 약속과 약속 사이에 내가 종종거리고 있었다.

열매는 장과이고 붉은색으로 익는다.

괴불나무의 꽃은 막 피기 시작할 때가 가장 예쁘다

여름 기운, 시작하는 계절에 만나는 나무

능수버들 아래 의자에 앉아 수원농생명과학고등학교의 비오톱 역할을 톡톡히 해대고 있는 연못에서 나를 기다리는 회원들과 만나게 된다. 그해 연못 옆 화단 모서리에 심겨진 괴불나무를 만났다. 그때만 해도 나무에 대한 사전 지식이 일천하였던 회원들이지만, 지금은 나를 훨씬 능가하고 있다. 관심을 갖고 매진한다는 일은 그래서 진정한 지적 성취를 맛보게 한다. 예전에는 답사 주제와 상관없이 궁금한 나무가 보이면 내게 묻고 나는 그 질문에 대답하기 바빴다. 지금은 아예 묻지 않고 자기들끼리 해결한다. 더군다나 박사과정에서 체계적으로 생태를 공부하는 친구까지 있어서 나도 배운다.

괴불나무의 꽃은 막 피기 시작하려 할 때 가장 예쁘다

많은 식물의 꽃은 규칙적이다
식물의 규칙적 생태는 웬지 고급스러운
진화의 결과로 여겨진다
괴불나무의 꽃이 그렇다

늘어진 가지를 따라
흰색 꽃이 다닥다닥 규칙적으로
잎겨드랑이라고 불리는 엽액에서 꽃이 핀다
가지가 늘어지니 전체 수형도
위로 솟구쳤다가 아래로 자연스럽게
중력처럼 이끌린다
가지 끝이 지상을 향한 애정으로 그득하다

그렇게 제 몸체의 모양을 솟구쳤다 늘어지는 형태에 맡긴다. 그러니 늘어지는 가지마다에 순백의 꽃 순간의 절실한 아름다움 앞에서 애닳는다. 어떤 마음 하나 매달려 있어 절로 가까이 다가선다.

괴불나무 순백의 꽃을 보면 마음이 푸짐하여 멈춰선다

가지와 줄기는 회색으로 덧칠하여 순순하다

새로 나온 가지는 갈색을 띠지만, 2년 이상의 가지와 줄기는 회색으로 벗겨져 있다. 수원농생명과학고등학교의 이 나무는 매우 잘 자란 괴불나무이다. 줄기도 꽤 세월을 먹고 있다.

내가 2006년 3월 용인으로 자리를 옮긴 그해에 경기도교육청에서 수원북중, 수원농생고, 수원시교육청의 3개 기관을 수원시와 대응 투자 형식으로 담장 허물기 사업을 실시하였다. 소위 공원화 학교로 3개 기관의 울타리를 없애면서 새로운 조경을 한다고 조경공사를 한 것이다. 오가며 들렸지만 오래된 고목과 거목들이 솎아졌다. 사람이 쉽게 접근할 수 없는 별관 앞 숲은 밑깎기 작업으로 접근하기 쉬운 공원이 되었다. 어찌 되었든 기념비적인 많은 나무들과 대화하고 산책하던 학교였는데, 그 자리에서 다른 자리로 또는 제대로 관리를 하지 않은 채 구석으로 밀리거나 근근히 연명하는 조경공사의 개념 앞에 속상하다. 그때 그 자리에 괴불나무가 옮겨지지 않기를 바랬다. 다행히 그 자리에 있게 되어 행복하다.

가지와 줄기가 회색으로 벗겨져 있는 수원농생명과학고등학교의 괴불나무

밑에서 가지가 총생하며 햇가지는 늘어진다

괴불나무는 밑에서 가지가 나와 사방으로 퍼져 총생한다. 가지가 위에서 늘어지면서 전체 수형을 잡는다. 따로 전정을 하지 않아도 단정한 모양을 이룬다. 내가 자리를 바꾸어 보니 역지사지 마음이 작용한다. 자리 바뀌는 것도 낯설지만 아예 자리를 통째로 빼앗기는 나무가 없기를 바랬다.

공사 끝나고 제대로 천천히 둘러보았지만, 무성하여 고풍스러운 숲 같은 학교 조경이 갓 이발한 듯 보기 좋고 단정한 새로 만든 공원으로 변한 셈이다. 조경공사 전의 나무들이 행방불명된 것은 못내 아쉽고, 직접 가까이서 감독하지 못한 괴불나무가 그 자리가 아니더라도 참 좋은 자리에 오래도록 남았으면 좋겠다는 기원을 하였다.

햇가지가 위에서 늘어지면서 전체를 이룬다

새의 은신처로 그만이다

괴불나무의 학명은 *Lonicera maackii* Max.이며 인동과에 속한다. 잎은 끝이 길게 뾰족하고 가장자리가 밋밋하다. 뒷면이 연녹색이며 잎맥 위에 털이 많고, 햇가지는 연한 갈색으로 잔털이 있다. 가지 단면의 골속은 빨리 없어지면서 속이 빈다.

5~6월에 잎겨드랑이에서 흰색 꽃이 2개씩 모여 핀다. 암술과 수술이 밖으로 길게 뻗는 화관은 가늘고 긴 원통형이다. 크게 두 갈래 입술 모양으로 짝지어 있다가 활짝 피면 위쪽이 다시 네 갈래로 얕게 갈라지면서 좁고 긴 꽃잎이 뒤로 젖혀진다. 시간이 지나면서 노란색으로 변하며 향기가 좋다.

따라서 2개씩 떨어져 달리는 둥근 열매는 가을에 빨간색으로 익고 낙엽 후에도 매달려 있어 관상가치가 높다.

흰색의 꽃이 노란색으로 변하면서 꽃의 시간을 즐긴다

가지를 따라 2개씩의 열매가 좌충우돌 하는 듯 부딪히지 않는다. 저런 혼란 없이 순조로운 사물의 미감을 표현할 말이 있을까. 규칙, 규율, 질서, 차례, 조리, 순서, 기율 모두 어울리지 않는다. 거침없이 빨간 열매이더니 속까지 환히 비추는 투명한 맑은 구슬, 저를 어쩌나 몹시 정성들인 마음 씀씀이가 더없이 지극하다.

열매는 장과이고 새의 먹이로 좋다. 새가 둥지 틀기에 적격이다. 수형이 총립으로 안정감을 준다. 새가 몸을 숨기기에 더없이 어지간하다. 수피는 회갈색이며 세로로 얇게 갈라져 벗겨진다.

2개씩 떨어져 달리는 빨갛고 둥근 열매

가지의 골속이 비어 있는 수종

인동속에 속하는 괴불나무 종류는 구분하기가 어렵다. 가지의 골속이 비어 있는 수종으로 괴불나무와 각시괴불나무가 있다. 이 둘은 꽃대로 구분하여 관찰한다. 괴불나무의 꽃대가 각시괴불나무의 꽃대보다 아주 짧다. 골속이 꽉 찬 것으로는 댕댕이나무, 올괴불나무, 청괴불나무가 있다. 꽃자루에 꽃이 1개씩 달리면 댕댕이나무, 꽃자루 하나에 꽃이 2개씩 달리면 올괴불나무, 청괴불나무이다. 꽃이 잎보다 먼저 피고 연한 홍색이면 올괴불나무, 잎에 털이 전혀 없으면 청괴불나무이다.

괴불나무의 꽃은 금은인동金銀忍冬이라는 생약명으로 이용된다. 『한국의 약초』에는 열을 내리는 청열淸熱작용이 있어 일체의 염증성 질환에 소염, 해열작용을 일으킨다. 종기와 악창에 배농 및 소염효과를 나타낸다고, 『한국자원식물총람』에는 감기, 부종, 이뇨, 정혈, 종기, 지혈, 청혈해독, 편도선염, 해독, 호흡기 감염증의 증상에 쓰인다고 기술되어 있다.

백당나무
한 꽃 속에 헛꽃과 참꽃이 진화하는 나무

무대에서 흰부채를 들고 한바퀴 도는 부채춤

학 명_ *Viburnum opulus var. calvescens* (Rehder) H. Hara
영문명_ Sargent Viburnum

붉은 정열 마를 때까지

하얀 부채 연이어 들고 부채춤을 춘다

자꾸 헷갈려서 무슨 나무냐고 묻는 나무들이 있다. 그때마다 무심코 대답하다 보면 나도 헷갈리기 시작한다. 자주 만나 상태를 살피며 감정 이입의 경지에까지 다가서야 자잘한 정을 나눌 수 있다. 어떤 나무와도 안부를 나눌 수 있다. 그러기 위해서는 발품을 부지런히 사용해야 한다. 감정 이입은 다른 사람의 상처를 자신의 것으로 받아들이는 연민이다. 서로의 상처를 치유하고 생명에 대한 기꺼움을 실현하는 주체가 되는 것이다.

하얀 부채춤을 추듯 꽃이 피는 백당나무 이야기다. 백당나무는 사촌들이 많다. 그 사촌들은 하나같이 예쁘고 강렬하다. 그냥 보기 좋고 기분 좋게 한다. 굳이 구분할 필요 있겠는가 싶은 나무들이다. 그러니 자주 만나 가까이서 볼 수 있도록 사촌들 모두 함께 살 수 있게 조성해야 한다.

백당나무와 비슷한 사촌들이 많아 이름 불러 줄 때마다 난처해진다
(위 왼쪽 불두화, 위 오른쪽 백당나무, 중간 왼쪽 별당나무, 중간 오른쪽 설구화, 아래 왼쪽 수국, 아래 오른쪽 산수국)

나무와 사귀는 일은 서로를 꾸준하게 보여 주는 일

나무와 사귀는 일은

꾸준하게 서로를 보여 주는 일이다

머리로 암기하거나 계산하여 정리하는 게 아니다

이게 생활 속에서 여간 어려운 게 아니다

더군다나 스스로를 어느 상황에 내몰아 치닫는 것을

경계하는 형편이고 보니 더욱 그렇다

과학적이고 합리적인 계획에 따라 서로를 관찰하는 것이 나무를 공부하는 방법이다. 그럼에도 원체 세상 일에 그때마다 감흥적이며 즉발적인 감성에 이끌리다 보니 때로는 나무를 까마득히 잊고 살게 된다. 주변에서 쉽게 만날 수 있는 나무들이야 다르지만, 일부러 찾아가 만나 봐야 하는 나무들에게는 미안한 일이다. 내가 그의 이름을 불러 주지 못하는 동안 그 역시 내 곁에서 멀어져 있다.

백당나무의 내밀한 꽃대가 스멀거리며 터지기 직전이다.

알고 있다가 잊고, 만났다가 이동하는 계절처럼

보통 사람들은 나무가 꽃을 화려하게 또는 은은하게 자신이 처한 정서와 맞아 떨어져 느낌이 올 때 그 나무를 알고 싶어 한다. 그러다 꽃이 피는 계절이 지나면 다시 그 나무의 이름을 잊는다. 체계적일 수 없다. 그도 그럴 것이 꽃은 지고, 또 다른 나무의 꽃을 만나고 그렇게 느낌은 이동하고 변한다. 계절이 오면 가만히 있어도 만날 수 있다. 특별히 감추어 둘 사연 역시 없다.

꽃이 5~6월에 가지 끝에 핀다. 어긋나게 갈라져 쟁반처럼 퍼진 꽃대가 나와 바깥의 헛꽃이 꽃부리 5갈래로, 안쪽에는 노란 흰색을 띠는 참꽃이 함께 달린다.

폭넓은 인문학적 상상력이 동원되는 나무와 대화하는 게 참 좋다. 그래도 나무에 대하여 갑자기 질문을 받으면 잠시 뜸을 들이게 된다. 백당나무 역시 그렇다. 백당나무, 불두화, 별당나무, 설구화, 산수국, 수국으로 이어지는 꽃들이 서로 비슷하다고 여기는 사람이 많다.

붉은색으로 익는 핵과의 열매는 쓴맛이 난다. 더러 노란색으로 익는 것도 있다.

한 꽃 속에 헛꽃과 참꽃이 있는 진화

백당나무는 잎이 오리발처럼 3갈래로 갈라져 있다. 보통 5월이면 꽤 큰 크기의 꽃송이가 피는데 접시 모양이다. 백당나무와 비슷한 나무들이 많은데 그 중 불두화가 있다. 수국백당이라 부르기도 한다. 백당나무 꽃의 가운데에 있는 자잘한 꽃을 모두 없애고 무성한 가짜 장식꽃만 남긴 둥근 꽃송이가 특징이다. 불두화는 열매를 맺지 못한다.

별당나무는 일본 원산으로 백당나무와 같은 꽃차례를 가지고 있지만 잎이 다르다. 백당나무와 불두화의 관계처럼 설구화는 별당나무와 비슷하지만 꽃송이가 둥글며 모두 가짜 장식꽃만으로 이루어져 있다. 산수국의 꽃 또한 백당나무와 비슷하지만 자세히 보면 산수국은 약간 푸른빛이 돌고 백당나무는 희거나 노란 기운이 돈다. 그러나 백당나무, 불두화, 별당나무, 설구화는 인동과에 속하고, 수국과 산수국은 범의귀과에 속한다.

잎이 마주난다. 3갈래로 뾰족하게 갈라지는
겨울로의 여행, 사이로 붉은 백당 열매 반짝이다.

불두화와 구분하기가 어려운 나무로 나무수국이 있다. 꽃만으로는 정말 헷갈린다. 그러나 잎은 불두화가 백당나무처럼 몇 갈래로 갈라지는 반면에 나무수국의 잎은 톱니가 있으면서 타원형이다.

백당나무의 꽃은 생김새가 특이하다. 꽃 가장자리와 가운데의 모양이 서로 다르다. 가운데 작게 황록색으로 맺혀 피어나는 것이 진짜 꽃인 유성화로 결국 열매로 자라는 참꽃이고, 가장자리를 화려하게 두르고 있는 동전 만한 새하얀 가짜 꽃이 씨를 맺지 못하는 무성화로 나비처럼 감싸듯 에워싸고 있는 들러리 꽃이다. 헛꽃인 셈이다.

본능적 생존 전략을 펼친다

헛꽃을 무성화라고 한다. 백당나무의 헛꽃은 화관이 넓어 곤충의 눈에 잘 띄게 하는 장식화의 역할을 한다. 동시에 곤충의 안전한 착륙 장소가 된다. 진짜 꽃의 가운데 부분에 있는 유성화가 벌과 나비를 많이 불러들이는 장치라고 보면 된다. 이유가 있다. 가짜 꽃이 먼저 활짝 펴서 진짜 꽃이 다 필 때까지 매달려 있다. 자신에게 이로운 날카로운 생각만으로 살아가는 게 아니라, 나보다는 주변을 배려하는 희생의 마음씨이다. 안쪽의 진짜 꽃이 돋보이도록 새하얀 큰 꽃을 수평으로 활짝 피워 더 크게 더 넓게 보이게 한다. 가짜 꽃은 오래도록 생생하고, 진짜 꽃은 꽃이 진 듯 희미하다. 생존을 위한 진화의 결과이다.

백당나무는 그래서 활짝 폈을 때가 지고 있는 때로 여겨진다. 꽃 크기의 3/4의 중간 부분은 자잘하고 1/4의 가장자리는 화려한 채로 피어 있다. 마치 채근담의 한 구절을 읽는 듯 여유를 지니고도 그것을 다하지 않았다는 뜻이다. 너무 완전하려 할 때 내부에서 변고가 생기거나 외부에서 우환이 든다. 태생적으로 아주 작은 꽃들을 가져 수분 활동이 불리하다. 숲 속의 곤충들에게 선택될 여지가 적다. 꽃이라도 크고 화려하여 멀리서도 눈에 잘 띠어야 한다. 작은 꽃 주변에 제 몸보다 훨씬 큰 장식을 달아 멀리 있는 곤충들을 유혹하여 자손을 남기는 거사를 치른다. 유혹하는 부분과 생식하는 부분의 역할을 달리한다. 살아남기 위한 생존 전략이다.

그리하여 백당나무는 열정 가득한 붉은 열매를 맺는다. 가을을 지나 겨울까지 그 열정이 쉽게 식지 않는 것을 보면 그 공로를 들러리였던 가장자리 무성화에게 안겨 준 셈이다.

백당나무, 5월의 윤이나는 붉은색 열매는 핵으로 싸인 씨앗을 품고 여문다. 겨울에도 가지에 매달려 있다.

백당나무의 열매는 열반을 기다리는 듯

꽃이 지고 나면 가을부터 겨울까지 빨간 열매가 달리는데, 그 빛이 참 반짝이며 아름답다. 빨간 열매 속 씨앗의 모양도 하트 모양과 닮아 있다. 겨울에도 열매를 볼 수 있는 것을 보면 새들이 백당나무의 열매를 좋아하지 않는 것은 아닐까. 그러나 겨울 백당나무 근처는 잎이 떨어져 썩는 냄새가 강하다. 주변 사람들이 가까이하려 하지 않는다. 허탕치듯 한 가지씩 부족한 기질도 있어야 발달일 수 있겠다는 생각이 든다.

백당나무의 겨울, 바짝 말라가는 열매에서 열반을 본다.

백당나무는 초가을의 빨간 단풍과 열매도 품격과 운치를 지녔다. 그러나 초파일 전후에 사찰 주변에서 작은 꽃 수십 개가 모여 뭉게구름처럼 피어나는 나무는 불두화다. 가지가 휘어지도록 터질 것 같이 피어나는 불두화는 꿀샘도 없고 향기를 내뿜을 이유도 없다. 처음 꽃이 필 때는 연초록빛깔이며 완전히 피었을 때는 눈부시게 하얗고 꽃이 질 무렵이면 연보랏빛으로 변하는 게 불두화 꽃송이의 매력이다.

『중국본초도감』에서 계수조鷄樹條는 백당나무의 가지와 잎을 사용한 생약명이다. 백당나무는 산비탈과 숲가에서 자라며, "봄과 가을에 눈지嫩枝의 잎을 채취하여 그늘에서 말리거나 혹은 신선한 채로 사용한다."고 되어 있다. 눈지의 눈은 '어릴 눈'자를 말한다. 어린가지의 잎을 채취하여 그늘에 말려 사용하는 것이 계수조인 것이다. 통경활락通經活絡, 해독지양解毒止癢에 효능이 있다. 경락을 콸콸 잘 통하게 하며, 독을 풀고 가려운 것을 그치게 하는 데 쓰인다는 말이다.

쥐똥나무
흔해서 마주치지 않는 나무

정원의 경계를 위한 산울타리 식재로 많이 이용되고 5~6월에 새 가지 끝의 총상꽃차례에 흰 꽃이 모여 핀다.

학   명_ *Ligustrum obtusifolium* Siebold & Zucc.
영문명_ Ibota Privet

숨어있지만 은은한 드러냄이 덕목인 나무

눈길 마주치는 일이 서툴어진 건 아닐까

손님이 많은 식당에 가면 추가 주문이나 불편사항을 전달하기가 쉽지 않다. 일하시는 분들 바쁘게 다니기만 하지, 아예 손님과 눈을 맞출 생각이 없다. 손님이 너무 흔한 것이다. 귀하지 않다. 눈길 마주치면 귀찮은 일이 생긴다는 무의식의 행동일까.

학교에서 선생님과 눈 마주치면 질문이 들어오는 것을 선행학습으로 익힌 것일까. 너무 흔해서 눈길 마주칠 일 드문 나무가 있다. 조선 시대 서당에서는 전날 배운 것을 외우지 못하거나 쓸데없이 다른 짓을 하면 대부분 종아리를 맞았다. 그렇지 않으면 서당 마당을 귀를 잡고 몇 바퀴 돌게 하기도 했다. 그리고 각자가 집에서 만들어 온 회초리를 걸어놓고 학습이 미진하거나 서당의 규칙을 제대로 이행하지 못할 경우에 자신의 회초리로 종아리를 20~30대 맞기도 했다.

〈서양인이 본 조선-서당(The School-Old Style)〉
〈서양인이 본 조선-훈장글가르치고(Boys at School)〉
〈김홍도필서당(金弘道筆書堂) (김홍도필글방)〉

훈장의 개성에 따라서는 목침에 올라가게 하여 30cm 정도 되는 뽕나무 회초리로 벌을 주기도 했다. 한편, 접장이 훈장의 지시에 따라 1m 정도 되는 쥐똥나무를 준비하는 경우도 있었다(이항재, 「충남지역 서당교육에 대한 연구(Ⅰ)」, 『교육사학연구』18, 1996).

쥐똥나무를 회초리로 이용한 것이다. 쥐똥나무의 새로 나는 잎의 색감은 매우 아름답다. 잎 자체가 약해 보이고 촘촘하여 치밀한 수관을 만든다. 가을에 검은색으로 익는 열매의 모양이 쥐똥과 비슷하여 쥐똥나무가 되었다. 북한에서는 이 나무를 검정알나무라고 부른다. 흑진주처럼 반짝이는 이 열매는 쓸쓸한 가을이 끝나가는 무렵 바람이 거리를 소리 내며 지나는 겨울 얌체 같은 햇살에 반짝이며 빛난다. 겨울에도 떨어지지 않고 매달려 있다. 어쩌면 쥐똥나무는 보이지 않는 곳에서 쉽게 보여 주지 않으면서 근사한 모습을 많이 지녔다.

꽃은 좋은 향기가 나며 꽃차례에 잔털이 밀생한다. 암술은 1개로 화관 통부 속에 있고, 수술은 2개로 화관 밖으로 약간 나온다.

숨어 있지만 은은한 드러냄이 덕목이다

봄이 그 잘난 설렘을 감추는 5월 하순이면
다소곳이 피어나는 쥐똥나무 꽃
눈이 맑아진다
순백의 시원한 모습이어서 맑아진다
쥐똥나무 잎 사이에 핀 꽃이지만
좋은 향기로 수줍은 듯 꽃을 내민다
숨어 있지만 은은한 드러냄이 덕목이다

이렇게 꽃을 즐기기 위해서는 쥐똥나무를 전정하여 울타리로 수형을 가꾸지 않고, 자연형으로 제멋대로 키가 크고 늘어지고 휘어지게 길러야 한다.

화관이 깔때기 모양이고 끝이 4갈래로 갈라지며, 갈래조각은 옆으로 벌어진다. 꽃받침은 끝이 톱니 모양이다.

쥐똥나무 독립수 수형으로 기른다면

나무 전체에 꽃향기가 진동한다. 그도 그럴 것이 쥐똥나무는 라일락, 수수꽃다리처럼 같은 물푸레나무과에 속한다. 자연상태에서 전정하지 않고 독립수로 제 수형 그대로 두면 사람 키를 훨씬 넘어 반송처럼 부드러운 체형을 유지하며 정원에서 존재감을 드러낸다. 반송처럼 밑에서 많은 가지가 나와 둥근 모양으로 크게 수형을 유지할 수 있다. 숲에서는 성근 모습으로 자라지만, 햇볕을 충분히 받는 독립수일 경우에는 가지와 잎이 촘촘하여 아름답다. 그렇게 독립수로 기를 수 있는 사람의 마음은 넉넉하여 삶에서 모자람이 없을 것이다.

드물게 쥐똥나무의 자연 수형을 보게 되는 사람도 다복한 사람일 것이다. 대부분은 작은 쥐똥나무를 여러 그루 합식하여 도심지의 울타리 나무로 식재하고 있는 시대이기 때문이다. 우리나라에서는 산울타리로 가장 많이 이용하고 있다.

열매는 '굳은씨열매'인 핵과이고 10~11월에 검은색으로 익는다. 씨는 타원형이고 표면에 세로로 얕은 골이 진다.

흔한 것들에서 더 큰 세계를 엿본다

쥐똥나무 열매를 남정목이라 하여 남자의 정력에 좋다고 약초 동호인이 중심이 되어 채취하고 있다. 그러나 이 경우에도 오염되지 않은 자연 수형에서 채취한 열매가 바람직하다.

사실 쥐똥나무를 지칭하는 남정목은 男精木이 아니라 男貞木이다. 열매 이름 역시 男貞實로 불린다. 아무튼 흔한 나무여서 눈길이 닿지 않지만, 지혜로운 선조들은 이렇게 흔한 나무의 새순과 열매를 식용과 약용으로 이용하였다.

주변의 흔한 것들에서 더 큰 세계를 만나 볼 일이다. 쥐똥나무는 병충해에 강하다. 환경에 대한 적응력이 최고다. 어느 곳, 어느 상황에서도 조화롭게 잘 자란다. 흔하지만 그만큼 수요가 많다.

쥐똥나무의 꽃과 나비

『한국나비도감』을 보면 쥐똥나무 흰꽃을 나비가 매우 유용하게 이용하고 있음을 알게 된다. 쥐똥나무는 나비를 부르는 나무이다. 나비를 위한 생태 환경 조성에 쥐똥나무의 군락 식재가 유용하다는 것을 유추할 수 있다. 산울타리 식재도 좋지만, 자연 군락 식재의 형태로 쥐똥나무를 식재하여 나비의 생태원을 풍요롭게 조성할 수 있다. 쥐똥나무 꽃에 앉아 꿀을 빨아먹는 나비로는 왕자팔랑나비, 거꾸로여덟팔나비, 줄나비, 큰흰줄표범나비, 귤빛부전나비, 선녀부전나비 등을 꼽을 수 있다.

쥐똥나무 꽃이 필 때, 기적적으로 몰려드는 나비들은 가히 나비의 천국을 방불케 한다.

쥐똥나무 열매를 활용한 차생활과 전통 염색

쥐똥나무 열매로 차를 만들어 마실 수 있다. 아울러 쥐똥나무 열매차를 이용하여 커피와 보이차의 기능성과 맛을 보완하는 방법도 등장한다. 그 결과 맛, 뒷맛, 종합적 기호도 등이 향상된 결과를 나타내었다. 맛과 기능성이 보완된 기호음료로 가능성이 제시된다(조윤해, 「쥐똥나무 열매를 이용한 퓨전 보이차 및 커피의 관능적 품질 특성과 항상화능」, 『대구가톨릭대학교 대학원 석사학위 논문』, 2010).

또한, 쥐똥나무 열매를 채취하여 음건하였다가 한지를 염색하는 방법도 시도되고 있다. 염료의 색상은 추출 방법에 따라 PB(군청), RP(자주), GY(연두)로 나타난다. 한지 대부분의 색상은 Y(노랑), YR(주황), GY(연두)로 나타났다. G(녹색)계열의 색은 Cu(구리)매염제를 사용하여 색을 내고, B(파랑)계열은 열수로 추출한 염액으로 무매염이나 명반매염으로 1회 염색하면 나타난다. 여기서 염색횟수를 증가시키면 P(보라)계열도 염색이 된다(최태호 외, 「전통 색한지 재현기술 개발 : 쥐똥나무의 염색 특성」, 『한국펄프·종이공학회 학술발표논문집』, 2008)고 한다. 쥐똥나무 열매 추출물을 천연 염색에 활용하는 다양한 연구와 방법이 시도되고 있다.

해당화
해어화, 말을 알아듣는 꽃

주름진 잎 표면의 모양이 보기 좋으며 열매도 관상 가치가 높다.

학 명_ *Rosa rugosa* Thunb.
영문명_ Turkestan Rose, Japanese Rose

수수한 소통의 꽃

연말 연시로 사람들이 몰려 다닌다

이때쯤이면 각종 자리에서 많은 건배사들이 쏟아진다. 그 중 가끔은 져 주며 살자는 게 괜찮아 보였다. 건배사로 식물 이름이 들어간 것들은 의미도 부드럽고 식물성 사유가 깃들어 있다. 가령, 진달래는 '진하고 달콤한 내일을 위하여'라는 건배사다. 그리고 해당화가 있다. '해가 갈수록 당당하고 화사하게'라는 건배사다. 진달래도 참 좋아하는 나무지만, 해당화 역시 은은하여 남몰래 좋아했던 나무이다. 더군다나 '해가 갈수록'이란 말이 나이를 지칭하는 것이면서도 하나의 진행 과정을 서술하는 말이라 부드럽다.

해당화는 다른 화려한 꽃들과는 말기 (?) 주하다

해가 갈수록 당당하고 화사하게

가수 이미자의 '섬마을 선생님'은 해당화로 시작한다. 섬으로 발령받은 총각 선생님, 열아홉 살 섬 색시, 바닷가의 풍광, 서울이라는 사연이 함께 어우러져 해당화 피고 지는 섬마을과 서울이라는 공간적인 대립을 섬 색시와 총각 선생님을 중심으로 만들어 낸 가사이다. 왠지 이룰 수 없는, 그러면서 다신 만날 수 없는 슬픔의 정서가 진한 여운을 주는 노래이다. 대학시절 이 노래는 촌스럽게도, 그러나 흥취하여 다 같이 부를 때 펄펄 힘까지 나는 노래로, 학과의 과가로 애창되었다.

동국이상국집, 이규보의 목작약과 해당 사이

『동국이상국전집』〈제4권-서序-목작약木芍藥〉에 해어화에 대한 시가 있다. 당 현종 시대의 침향정 앞에 심은 꽃으로 양귀비와의 이야기가 전개되며, 그 꽃잔치에 이백의 시가 펼쳐지는 광경에서 이규보는 해어화에 대한 시를 남겼다. 이규보는 목작약이라고 했다.

임금의 정원인 금원에 온갖 꽃 다 피었건만, 말을 알아듣는 꽃인 양귀비에 빠져 궁궐의 모든 꽃에 단연 홀로 맞설 만하다는 거다. 그만큼 최고의 찬사를 바친 것이다. 그래서 해어화를 양귀비처럼 대우받는 여자, 미인의 대명사로 은유된 것이다.

> 향로는 흠뻑 소야거에 젖었는데 / 香露低霑炤夜車
> 한 가지 사뿐 새벽 바람에 흔들리네 / 一枝輕拂曉風斜
> 금원의 복사꽃 오얏꽃 다 무색하건만 / 禁園桃李渾無色
> 너만이 말할 줄 아는 궁중 꽃과 맞섰구나 / 獨敵宮中解語花
> ⓒ 한국고전번역원 | 이재수 (역) | 1980

그런데 이규보는 이어서 같은 책 〈제16권-고율시-해당海棠〉에서 더운 낮에 꽃이 늘어져 있는 모습을 당 현종과 양귀비의 고사를 들어 말한다. 이 이야기는 이백집에도 나오니, 두루 퍼진 동양적 정서일 것이다. 이규보도 그렇게 연상하며 해당화 꽃이 다시 활짝 피기를 바랐다. 꾀꼬리에 의뢰하고 아리따우나 어리석은 교태까지 들먹이며 다시 미소를 머금게 해달라는 것이다.

깊은 잠에 축 늘어진 해당화여 / 海棠眠重困欹垂
양귀비 술 취한 때와 흡사하구나 / 恰似楊妃被酒時
꾀꼬리 소리에 꿈 깨어 / 賴有黃鶯呼破夢
다시 미소 지으며 교태 부리누나 / 更含微笑帶嬌癡
ⓒ 한국고전번역원 | 최진원 (역) | 1978

작약(왼쪽)과 해당화(오른쪽)

이규보는 똑같은 고사를 빌려 와 '목작약'과 '해당'으로 다르게 사용하였다. 그러나 내용은 둘 다 당 현종이 양귀비에게 말한 해어화에 대한 시이다. 내용에 충실하자면 현종-양귀비-미인-해어화의 관계 설정이다. 그렇다면, 해어화를 굳이 해당화에만 해당시킬 필요는 없지 않을까. 해어화는 어떤 식물의 고유명사라기보다 확장된 의미의 대명사로 변화할 수밖에 없는 운명이지 않았을까.

해어화는 사람 이름으로 둔갑하기도 한다

그래서일까. 『국역조선왕조실록』의 연산군과 광해군 시대에는 해어화가 사람의 이름으로 등장한다. 연산군은 간택할 때 본래의 모습을 분칠로 바꾸지 못하게 하고, 해어화라는 사람은 그 중 조금 괜찮으니 이름을 취춘방으로 고치게 전교하였다. 광해군 때는 궁중의식의 예행 연습에 불참한 기생들과 관리들의 처벌을 아뢰는 내용이 있다. 엄하게 독촉하여 참석시켰는데, 기생 해어화는 두세 번의 재촉에도 끝내 나타나지 않았다고 한다. 이 해어화의 처벌에 대한 광해군의 전교가 있었다.

당의 현종과 양귀비와의 대화에서 나오는 해어화

해어화는 당의 현종이 양귀비와 나누었던 대화에서 출발한 말이다. 미인을 해어화라고 부르게 된 연유이기도 하다. 조선시대에는 기생을 해어화라고 하다가 근대에 와서는 보다 의미가 저속해진 듯 해어화라는 멋진 말을 사용하지 않는다.

해어화, 말을 알아듣는 꽃

잘하는 것보다 듣는 게 어렵다
하물며 제대로 알아듣는다면 얼마나 좋은가
알아듣는 것은 곧 소통이다
소통할 수 있는 사람은
마치 깊이 숨어 있는 꽃처럼 은은하여
맑은 정신으로 찾으려 애써야
소매자락이라도 잡을 수 있다
깊이 숨어 있는 꽃을 찾는 사람에게는
맑은 향이 퍼진다

해당화는 다른 화려한 꽃들과는 달리 수수하다. 그런 사람들이 만나 무대를 만든 적이 있으니 참으로 대단한 일이다. '해어화'라는 타이틀로 우리 시대 마지막 예기藝妓들이 한 무대에 섰다. 2013년 9월 엘지 아트센터에 올린 한국문화재보호재단이 주최하고 문화재청이 후원한 무대가 진옥섭 연출의 '해어화'이다. 진옥섭은 초야에 묻힌 명인들을 찾아 무대에 올려 왔다. 발품으로 찾은 명인의 이야기를 담은 『노름마치』를 출간했다. 전통예술연출가로서 다양한 무대를 연출하며 전통예술의 새 판을 열고 있다.

진옥섭 전통예술연출가
'켜켜이 묵힌 것'의 사무침 기록

해어화는 1928년생 장금도와 1931년생 유금선, 1934년생 권명화를 중심으로 기획되었다. 세 분 모두 권번에서 가무 학습을 한 마지막 예기이다. 모두 팔십이 넘었는데, 〈해어화〉무대에 함께 출연하는 전무후무한 공연이었다.

전통예술공연 '해어화'의 장금도, 유금선, 권명화

춤추는 슬픈 어미

장금도는 '춤추는 슬픈 어미, 장금도'라 불린다. '채만식의 『탁류』가 흐르던 군산이란 대처에서 인력거 두 대가 와야 춤추러 나갔던 최고의 예기이다. 아들의 장래를 위하여 춤을 접었지만 김제 만경 너머 파다한 춤 소문 때문에 곡절 끝에 다시 선 춤추는 어미이다. 이 살풀이춤이 '민살풀이춤'이다. 수건을 들지 않고 맨손으로 춘다 하여 무늬를 넣지 않은 것에 붙이는 '민'자를 넣어 '민살풀이춤'이라고 한다. 김제 만경에 큰 잔치는 임방울 소리에 장금도 춤이라 했다. 빈손이 공기의 결로 흘러들어가는 광경은 최고의 문양이다. "허공을 헤친 그 흰 찰나 옮길 도리가 없어 아득하다."고 했다.

마지막 동래기생

'마지막 동래기생, 유금선'은 "평양기생 진주기생 말도 마라, 동래기생"이라는 말이 있듯이 풍류 본향 부산 동래를 휘어잡은 마지막 동래기생이다. 가무에 능했지만 한량들의 춤을 추기는 구음을 하다가 결국 일어나지 못하고 지금껏 춤을 반주하는 소리를 한다. 정녕 춤을 부르는 최고의 소리꾼이다. 외가 친가도 그 쪽이라 소리를 점지 받아 목으로 안 되는 게 없다. 구음口音은 춤을 반주하는 가사 없는 즉흥 소리인데, 목석같은 몸에서 춤을 꺼내니 춤을 부르는 최고의 소리, "헛간의 도리깨도 춤을 춘다."고 했다.

달구벌춤의 봉우리

'달구벌춤의 봉우리, 권명화'는 전쟁통에 피난한 대구 남산동의 대동권번에서 풍류의 대가 박지홍을 만난다. 박지홍의 소리 제자는 여럿 있고 그 중 한 사람이 '제비 몰러 나간다'의 박동진이다. 그리고 춤 제자는 권명화와 최희선이다. 권명화는 대구 무형문화재 제9호 '살풀이춤'으로 지정되어 공연한다. 그의 '승무'는 남다르다. 대구 피난시절 국립극장이었던 문화극장에서 추어 피난 온 문화계 인사들이 극찬을 했던 춤이다. 그의 〈승무〉에 "소매로 당찬 우조가 서리고, 법열의 북에서 앵도가 똑똑 떨어진다."라고 소개하였다.

말을 알아듣는 사람이 당당하다

'말을 알아듣는다'는 게 평범하지 않다. 국민의 말을 정치가가 알아듣지 못하고, 어른의 말을 아이들이, 아이들의 말을 어른이 제대로 알아듣지 못하고 있다. 잘 알아듣겠다고 약속하고 딴소리를 한다. 알아듣는 일을 일부로 걷어찬 듯 아무렇지 않게 다른 말로 일관한다. 말을 잘 알아듣는, 그래서 갈수록 당당한 사람들이 보이지 않는다. 남의 말을 제대로 알아듣는 조직은 행복하다. 어떤 상황이나 처지에서도 당당해진다. 매일이 살맛나는 세상일 것이다.

명사십리 해당화야

해당화는 바닷가 모래밭이나 산기슭에서 잘 자라며, 낙엽활엽관목으로 높이 1.5m 정도 자란다. 그러나 추위와 공해에 비교적 잘 견디며 건조에 대한 저항성도 있어서 숲 가장자리나 공원의 특정 공간에 군집으로 심으면 아름답다.

전남 영광 백수해안도로의 해당화 군식도 그래서 아름답다. 꽃은 5~8월에 새로 난 가지 끝에서 자홍색으로 피며, 그 향기가 좋다. 꽃잎에는 방향성 정유가 있어서 향수의 원료가 되기도 하는데, 이 꽃잎을 씹으면 입 안에 향기가 퍼진다. 그래서 꽃잎을 말려 술을 담거나 차로 우려 마시기도 한다. 예전부터 원산 앞바다의 명사십리 해당화가 유명하다.

경기도 인근 도당굿 사설에 잘 만들어진 정원에 해당화가 만발한 풍경이 나타난다. "한편을 바라보니 송죽이 우거졌네, 또 한편을 바라보니 연못에 비단 같은 금붕어가 여기저기서 놀고 있고, 또 한편을 바라보니 해당화 꽃이 만발하여 해당화야 해당화야 명사십리 해당화야"라는 내용으로 구경꾼의 안녕을 비는 게 있다.

전남 영광 백수해안도로의 해당화 군식

다산과 그의 제자 황상

해당화를 정원에 심는 것은 다산이 제자 황상에게 지어 준 글에서도 세심하게 보인다. 이 글을 읽고 그대로 따라하면 다산과 황상의 정원이 만들어진다. 황상은 다산에게 주역을 배우던 중 이괘 구이에 나오는 유인幽人의 삶에 매료된다. 다산은 제자를 위해 '제황상 유인첩 題黃裳幽人帖'을 지어 주고, 제자인 황상은 훗날 일속산방一粟山房을 조성한다. 당호는 다산의 장남 정학연이 작명하였고, 천하의 광대함을 좁쌀 한 알의 매우 작은 공간에 저장한다는 의미이다. 황상에게 일속산방은 평화로운 이상 세계의 공간이었고 한 톨의 좁쌀처럼 작았지만 삼천세계의 거대한 우주 공간이 자리하는 곳이었다. 가난하고 초라하였지만 풍요롭고 자유로웠다. 자연에 동화되며 자족적인 삶을 누렸다. 다산이 제자에게 준 '제황상유인첩'의 내용 중 뛰어난 정원 조성 기법이 나온다.

> 『다산시문집』〈 제14권 - 제목 - 황상유인첩黃裳幽人帖에 제함〉
>
> (......) 뜰 오른편에는 조그마한 못을 파되, 크기는 사방이 수십 보 정도로 하고, 못에는 연蓮 수십 포기를 심고 붕어를 기르며, 별도로 대나무를 쪼개 홈통을 만들어 산골짜기의 물을 끌어다가 못으로 대고, 넘치는 물은 담장 구멍으로 남새밭에 흘러 들어가게 한다. 남새밭을 수면水面처럼 고르게 다듬은 다음 밭두둑을 네모지게 분할하여 아욱·배추·마늘 등을 심되 종류별로 구분하여 서로 뒤섞이지않게 하며, 씨를 뿌릴 때는 고무래로 흙덩이를 곱게 다듬어 싹이 났을 적에 보면 마치 아롱진 비단 무늬처럼 되어야만 겨우 남새밭이라고 이름 할 수 있을것이다. 조금 떨어진 곳에는 오이도 심고 고구마를 심어 남새밭을 둘러싸게 하고 해당화 수십 그루를 심어 울을 만들어서 진한 향기가 늦은 봄 초여름에 남새밭을 돌아보는 사람의 코를 찌르게 한다.(......)
> ⓒ 한국고전번역원 | 장재한 (역) | 1984

전원생활 또는 산거생활에서 정원을 조성하는 데 반드시 남새밭이 만들어진다는 것은 다산의 실사구시가 그대로 반영된 것이다. 자신도 그렇게 정원을 만들었고 제자도 그렇게 만드는 것을 글로 써서 주었으니, 과연 표준화된 정원 매뉴얼이라 하겠다. 다산초당도 그렇게 만들었다. 연못에 연과 잉어, 남새밭에 각종 먹거리, 양념, 양식거리를 빠짐없이 기록하였다가 실천하는 모습이다. 그 남새밭에 해당화를 심어 남새밭을 돌아보는 사람에게 향기로움을 안겨 주라는 말이니 낭만적이다.

꺾꽂이가 잘되는 해당화

해당화는 꺾꽂이가 잘된다. 새싹이 트기 전에 전년도 가지를 15~20㎝로 잘라 삽수를 만들어 삽목상에 꽂으면 뿌리가 잘 내린다. 문제는 삽수를 다룰 때 가시가 보통이 아니라는 것이다. 불편함을 달게 받아들일 수 있다는 마음가짐으로 삽목에 들어야 한다.

불규칙적으로 빽빽하게 나온 해당화 가시는 강모침이다.

나무에 난 가시는 보통 가지나 잎자루, 턱잎, 수피의 일부분이 변하여 만들어진다. 가지의 끝 부분이 침상으로 변한 가시를 경침이라고 한다. 석류, 자두나무, 아그배나무, 피라칸타, 갈매나무 등에 있고, 잎이 가시로 변한 것은 엽침이라고 하는데, 매발톱나무, 매자나무, 선인장 등에 있으며, 턱잎이 가시로 변한 것은 탁엽침이라고 하는데, 아까시나무, 초피나무 등에 있고, 또한, 가지 껍질에 불규칙적으로 가시가 무수히 붙어 있는 것을 피침이라고 하여 찔레꽃, 장미, 음나무, 두릅나무 등에 있는데, 극상돌기라고도 한다. 그리고 해당화와 나무딸기처럼 가지에 난 털이 침으로 변한 것을 강모침이라고 하는데, 보통 불규칙적으로 **빽빽하게** 생긴다.

해당화 가득 군락으로 심어 놓은 풍광

자연스럽게 바닷가에 해당화가 피어 있어야 할 풍광이 해수욕장이나 사람들이 이용하는 시설로 꽉 차 있어서 해당화가 자랄 바닷가 공간을 찾을 수가 없다. 그러나 공원이나 학교 등에 군락으로 식재하면 위풍당당하면서도 섬세한 슬픔의 정서, 화려하면서도 측은지심을 일으키는 분위기 등을 공유할 수 있다. 한방에서 해당화는 꽃과 뿌리 등을 다양하게 이용하는데, 말을 아낀다. 내 것이 아닌 재산을 뿌리 채 뽑아 가는 사람들이 있기 때문이다.

가을에 열매가 익으면 따서 열매 껍질은 다양하게 이용하고 씨만 노천매장 후 파종하면 번식이 잘 된다. 열매 또한 아름다워 관상가치가 높고 곁가지를 전정하여 다듬으면서 관리하면 낮은 울타리용으로 효율적이다. 다양한 형태를 만들어 다양한 모양을 즐길 수 있어 주변 건물과 어울리는 수형으로 창작하여 풍경을 개발해도 괜찮다.

수수한 소통의 나무에 잠시 머물러 본다. 수수한 것이 화려한 것보다 깊은 울림이 있다.

2

"계절을 연결하는 눈높이"

산수유 / 고욤나무 / 단풍나무 / 마로니에 /
모감주나무 / 백목련 / 왕벚나무 / 함박꽃나무

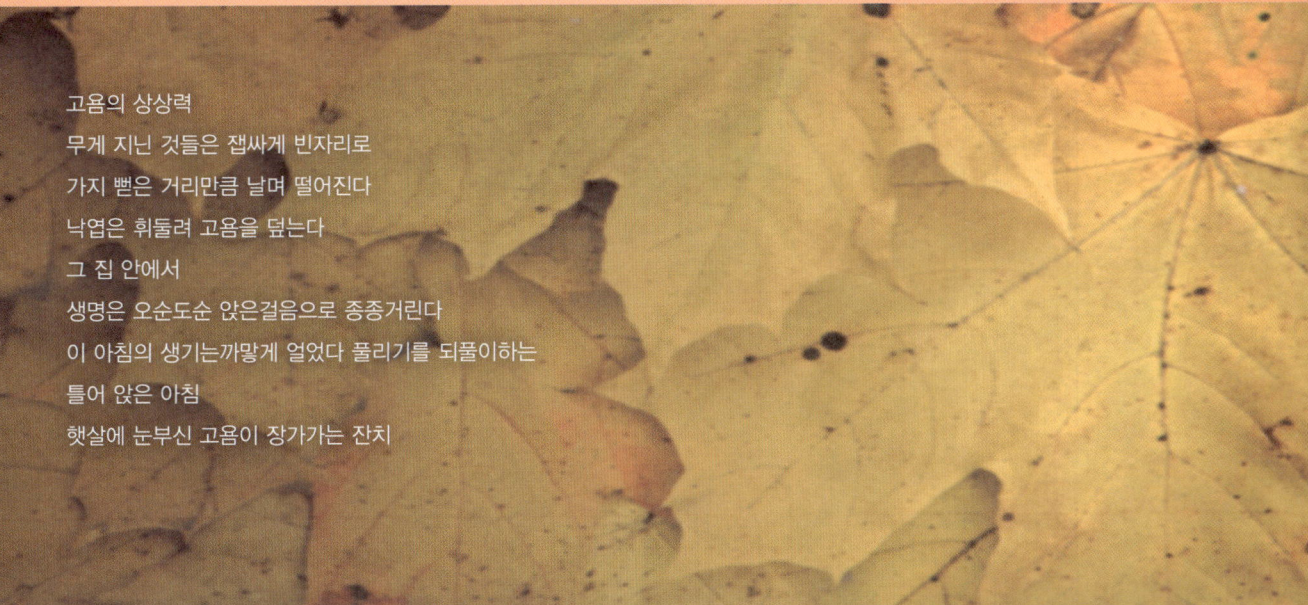

고욤의 상상력
무게 지닌 것들은 잽싸게 빈자리로
가지 뻗은 거리만큼 날며 떨어진다
낙엽은 휘둘려 고욤을 덮는다
그 집 안에서
생명은 오순도순 앉은걸음으로 종종거린다
이 아침의 생기는까맣게 얼었다 풀리기를 되풀이하는
틀어 앉은 아침
햇살에 눈부신 고욤이 장가가는 잔치

산수유
어른거리는 꽃의 그림자로 피어나는 나무

화사한 노란 꽃망울이 피어 나무를 뒤덮는 모습이 매우 아름답다.

학 명_ *Cornus officinalis* Siebold & Zucc.
영문명_ Japanese Cornelian Cherry, Japanese Cornel

고즈넉한 정취가 심성 가득 널려 있는 그리움

첫 부임지, 첫 학생들의 고즈넉한 심성을 닮아 있는 산수유

이천에 살 때 매년 봄이 되면 백사면의 산수유를 보러 다녔다. 1986년 9월부터 1991년 2월까지니까 이천농업고등학교에서의 첫 교사생활은 4년 6개월, 9학기를 생활한 것이다.

그때는 산수유축제니 뭐니 하면서 특별한 이벤트가 있던 때가 아니었다. 다만, 제자들이 백사면에서 많이 살아 자랑하였기에 찾았던 것이다. 그들은 버스로 통학하며 이천읍까지 학교를 다녔는데, 읍내 학생들에게 텃세를 많이 받아 기가 꺾여 있기도 해서 격려하며 좋은 동네에 사는 것을 추켜 주고는 했다. 남한강의 절경과 함께 농촌 마을의 고즈넉한 정취가 학생들의 심성을 닮아 괜히 친근하고 좋았다.

이천 백사 산수유축제

산수유 씨앗을 얻고 싶었으나 말을 전하지 못했던 시절

훨씬 후에야 산수유축제를 매년 개최하는 것을 보게 된다. 산수유 열매를 벗겨 자녀들 대학 공부를 시킨다는 곳인데, 가격이 좋지 않고 중국 제품이 많이 들어와 벌이가 시원찮다는 이야기를 들을 때였다.

"열매를 벗긴 씨앗은 어떻게 하니?"
"그냥 버리는데요."

보통 농가에서는 씨앗을 빼고 과육을 취하여 약재로 법제한다. 그러나 나는 씨앗이 필요하니 '열매를 벗긴 씨앗'이라는 표현을 사용했다. 산수유 과육을 취하여 경제활동을 하는 농가와 그 나무의 씨앗을 파종하여 자생 조경수목을 개발하고자 했던 내 입장이 그렇게 달라 있었다. 지금이라면 쉽게 말문을 열고 용건을 말했을 것이다. 그러나 그때는 왠지 씨앗이 필요하다는 말이 불경스러웠다. 아마 노동하지 않는, 일을 통하지 않는 언사에 스스로 제어 동작을 취했을 것이다. '열매를 벗긴 씨앗'을 얻는다고 몇 년을 벼르다가 결국은 실천하지 못했고, 조금씩 모은 씨앗을 파종하여 묘목을 생산했다.

산수유 열매를 따서 씨앗을 빼고 건재로 유통한다.

산수유는 2년간 노천매장을 해야 싹이 나온다

산수유 파종은 까다롭다. 교과서에는 노천매장 1년을 더 하고 파종하라고 되어 있다. 그런데도 다른 씨앗을 파종하는 김에 함께 파종했다. 그랬더니 1년 동안 싹도 나지 않은 묘상의 제초작업을 꼬박 했던 기억이 새롭다. 비효율적이었던 셈이다. 그러나 2년만에 정확하게 묘목이 나왔다. 그러면서 조경수로 각광을 받으면서 아파트 등에 많이 식재하여 꽤 많은 사람들에게 친근해진 나무이다. 보통 생강나무와 비슷하여 서로 비교되기도 한다. 이천 백사면 송말리에서 도립리를 거쳐 경사리에 이르는 산수유축제에 대한 한국관광공사의 홍보 글이 그럴듯하다.

> 매년 4월 초순 새봄을 알리는 산수유 꽃축제가 개최된다. 공해에 약하지만 내한성이 강하고 이식력이 좋아 진달래, 개나리, 벚꽃보다 먼저 개화하는 봄의 전령사 산수유는 시원한 느낌을 주는 수형과 아름다운 열매로 조경수로서의 가치가 상당히 높다. 큰 그늘을 만들어 여름철 사랑을 듬뿍 받고 있는 산수유는 특히 이른 봄에 개화하는 화사한 황금색의 꽃이 매우 인상적이다. 행사 개최지인 백사면은 수령이 100년이 넘는 산수유 자생군락지를 형성하고 있는데, 백사면 송말리, 경사리, 도립리 등 원적산 기슭의 농가에서 산수유로 뒤덮여 있어 초봄에는 노란 꽃이, 가을에는 빨간 열매가 온 마을을 감싸는 전국 제일의 산수유 산지이다. 이천에서 가장 높은 원적산(해발 634m) 아래 자리한 영원사를 향해 가는 길은 송말리에서부터 도립리를 거쳐 경사리에 이르기까지 산수유가 대규모 군락을 이루고 있다. 구불구불한 길을 따라 원적산 자락을 향하여 조금만 가다 보면 이내 주변 풍경을 노란색 원색으로 물들인 산수유 꽃군락과 마주친다 (한국관광공사, 대한민국 구석구석).

아름다운 봄 풍경에
산수유 군락은 환상이다
꿈을 꾸는 풍경이다
지리산 구례 산동면
경북 의성 사곡마을
경기 이천 백사마을 등이
산수유 꽃동산으로 유명하다

산수유의 꽃눈은 은밀하다

판화가 이철수는 산수유의 꽃눈을 보고 은밀하다고 했다. "개울가에 나갔더니 산수유 가지가지마다 꽃눈이 보인다. 은밀하다! 은밀하다! 봄하고 산수유. 그렇게, 은밀한 내통이 있었구나! 죄많은 봄날이다. 그런 내통이야 무얼로 막나? 아내와 손잡고 돌아오는 봄길. 부끄러움도 모르는 봄빛이 만장해 있는 간지러운 봄길.(이철수의 나뭇잎 편지, 『당신이 있어 고맙습니다』, 삼인)"

아름다운 산수유군락의 봄 풍경

산수유 꽃은 나무가 꾸는 꿈

김훈은 『자전거 여행』에서 산수유 꽃은 나무가 꾸는 꿈이라고 했다. "산수유는 다만 어른거리는 꽃의 그림자로서 피어난다. 그러나 이 그림자 속에서는 빛이 가득하다. 빛은 이 그림자 속에 오글오글 모여서 들끓는다. 산수유는 존재로서의 중량감이 전혀 없다. 꽃송이는 보이지 않고 꽃의 어렴풋한 기운만 파스텔처럼 산야에 번져 있다. 산수유가 언제 지는 것인지는 눈치 채기 어렵다. 그 그림자 같은 꽃은 다른 모든 꽃들이 피어나기 전에 노을이 스러지듯이 문득 종적을 감춘다. 그 꽃이 스러지는 모습은 나무가 지우개로 저 자신을 지우는 것과 같다. 그래서 산수유는 꽃이 아니라 나무가 꾸는 꿈처럼 보인다.

꽃망울 내 몸에 불릴까, 따다가 상처 내면 어쩌나

산수유 꽃망울을 내 뜨거운 몸에 불려 피어나게 할까, 따다가 상처를 내면 어찌 산수유 피는 봄을 맞을까라는 시를 소개한다.

> 산수유
> ―화전.50
>
> 무엇을 기다렸나 밟히는 곳마다 푹신한 탄력 지독하게 밭으로 내리꽂으며 위용처럼 즐기던 풀들이 삶터로 다시 찾아오고 있다 추위와 밤이슬과 서리에 한풀 꺾이더니 코를 비비면 새 한 마리 움찔하는 마술처럼 발바닥을 톡톡 치며 간질이며 다가온다 아찔한 봄 노래다 내게 주어진 호미자루는 손끝 닿아 마디어진 손톱의 아픔을 되돌려 준다 벅찬 날들이 생활을 바쁘게 이끈다 잠깐씩 비쳐주는 햇살을 따라다니기에도 화전으로 하나 가득 널려 있는 그리움을 묻어내지 못한다 터지려고 산수유 노오란 꽃망울 봄내는데
>
> 아아 저들 내 뜨거운 몸에 불려 피어나게 할까 따다 상처내면 어찌 봄을 맞을까
> (온형근, 연작시집– 화전, 우리글)

긴 겨울이 물러가며 생동하는 봄의 기운에 생명이 움트는 모든 현상을 산수유 꽃 핀 풍경으로 설명할 수 있다면 좀 과장된 표현일까. 요즘 그 과장된 표현으로 산수유를 광고하는 것을 본다.

산수유는 자식을 대학에 보낸 나무이다

"산수유, 남자한테 참 좋은데 표현할 방법이 없네"라는 카피로 유명한 산수유 가공식품회사의 광고는 허위·과대 광고가 아니라는 법원 확정 판결까지 나왔다. 산수유를 기르며 경제활동을 하는 농민들에게는 고마운 일이다.

약초의 수치修治는 법제法製라고도 하며, 약의 성질을 그 쓰는 경우에 따라 알맞게 바꾸기 위하여 정해진 방법대로 가공 처리하는 일을 말한다. 이는 전통적인 이론에 근거하여 약용식물들을 가공해 약용식물이 지니고 있는 본연의 약성을 변화시키는 기술이다. 산수유의 수치법을 보면, 저절로 땀이 나고

식은 땀을 거두기 위하여 열매에 있는 이물질과 씨앗을 제거하고 생으로 이용하거나, 신장을 보호하고 정이 새어 나가는 것을 틀어막기 위하여 씨앗을 빼내 과육果肉을 온돌에 말리거나 술에 찌는 방법을 사용한다.

임금의 귀는 나귀의 귀처럼 생겼다

산수유는 중국 원산으로 되어 있지만『삼국유사』제2권에는 신라 제48대 경문왕과 관련된 '임금님 귀는 당나귀 귀'의 설화와 함께 대나무 숲을 베고 대신 그 자리에 산수유를 심었다는 기록이 나온다.

그랬더니 그 뒤에는 '임금님 귀는 길다'는 소리만 났다고 한다. 당나귀는 산수유 앞에 꼬리를 내린 격이다.

> 왕이 임금의 자리에 오르자 왕의 귀가 갑자기 길어져서 나귀의 귀처럼 되었다. 왕후와 나인들은 모두 알지 못했으나 오직 복두장(복두를 만드는 기술자임. 복두는 관의 하나) 한 사람만이 그것을 알고 있었다. 그러나 평생 남에게 말하지 않았다. 그는 죽으려 할 때 도림사道林寺(경상북도 월성군 내동면 구황리에 있던 절)의 대숲 속의 사람이 없는 곳으로 들어가서 대나무를 보고 외쳤다.
>
> "우리 임금님 귀는 나귀 귀처럼 생겼다."
>
> 그후 바람만 불면 댓소리가 났다.
>
> "우리 임금님 귀는 나귀 귀처럼 생겼다."
>
> 왕은 이 소리를 싫어하여 이에 대나무를 베어버리고 산수유나무를 심었더니 바람이 불면 다만 그 소리는
>
> "우리 임금님 귀는 기다랗다"고만 했다.
>
> (삼국유사, 제48대 경문대왕).

산수유는 낙엽소교목이라 정원 식재에 적합하다

낙엽 소교목이며 높이 4~8m 정도 자란다. 수피는 연한 갈색 또는 회갈색이며 얇은 조각으로 불규칙하게 떨어지며, 꽃눈이 잎눈보다 동그랗고 크다. 잎은 마주나게 달리며, 잎끝인 엽선葉先은 꼬리처럼 뾰족하고, 잎밑인 엽저葉底는 둥글며, 잎가장자리인 엽연葉緣은 밋밋하다.

산수유의 사계절

잎 뒷면은 분백색으로 누운 털이 있고, 맥겨드랑이인 맥액脈腋에는 갈색 털이 밀생하며, 측맥은 4~7쌍이고 잎끝 쪽으로 활처럼 굽는다. 꽃은 암술과 수술을 모두 갖춘 양성화로 꽃잎이 4개이며 뒤로 젖혀지고 수술 4개, 암술대 1개로 이루어져 있다. 열매는 9~10월에 빨갛게 익어 한겨울까지 매달려 있다.

『조선의 산열매와 산나물』에는 산수유 재배에 대한 방법을 과학적으로 제시되어 있다. 산수유를 심을 때에는 약간 서늘한 사질양토가 좋고 묘목을 만들기에는 봄의 피안(彼岸 : 춘분의 3일 전과 3일 후 7일간) 때쯤 9㎝로 높인 묘상에 너비 90㎝로 하여 15㎜의 체로 쳐서 퇴비, 들깻묵, 목회 등을 섞어 파종한 위에 흙을 15㎜ 덮고 얇게 짚을 덮는다. 가을쯤에는 45㎝ 정도의 묘목이 되므로 다음 해 봄에 이것을 정식하면 좋다고 하였다. 7~8년째에 왕성하게 결실을 하는데 관상용으로 정원 앞에 심거나, 특히 학교의 정원 등에 심으면 풍취를 북돋아 주어 좋다.

산수유의 조경적 용도의 확장을 위하여 산울타리로 가능한가를 시험하고 있다.

산수유로 산울타리를 시험하는 곳이 있었다. 서울대학교 수목원이다. 그곳에서는 스트로브잣나무도 산울타리용으로 시험하는 것을 보았다. 다양한 조경적 이용에 관한 관점으로 판단된다. 아직 산수유로 산울타리를 만들어 보지는 못했지만, 기회가 되면 시도해 볼 테마이다.

쉬나무[茱萸, 吳茱萸]·머귀나무[食茱萸]·산수유[山茱萸]

『제민요술』에서는 수유와 산수유의 차이부터 설명하고 있다. "수유는 먹는 것이지만 산수유는 함부로 먹을 수 없다."고 하였고, 『농정회요』에는 수유吳茱萸(쉬나무)와 식수유食茱萸(머귀나무) 및 산수유를 함께 설명하였다. "수유茱萸의 품종은 두 가지가 있다. 오수유吳茱萸(수유)는 곳곳에서 자자라며, 껍질이 청록색이고, 잎이 참죽나무의 잎과 비슷하지만 넓고 두꺼우며 자색이다. 식수유食茱萸(머귀나무, 산초나무류)는 잎이 누렇고, 꽃은 녹색이며 열매가 가지 위쪽에 무더기로 달린다. 산수유는 바로 함부로 먹지 않는다."고 하였다.

옛 명칭으로 한결같이 수유茱萸라는 한자를 써 오고 있지만, 쉬나무[茱萸, 吳茱萸]는 운향과의 *Evodia danielli*이고 산수유[山茱萸]는 *Cornus officinalis*이며 머귀나무[食茱萸]는 운향과의 *Fagara ailanthoides*이다.

조무연의 『원색한국수목도감』에 의하면 쉬나무는 "내한성이 강하고 해변이나 건조한 곳에서도 잘 자라며, 공해에 강하고, 수세(樹勢)가 강건하며, 생장이 빠르다. 열매는 삭과로서 제유하여 등유, 머릿기름, 피부병 약으로 사용하거나 디젤기름의 대체 에너지용으로 쓸 수 있으며 조류의 먹이가 된다. 꽃은 꿀이 많아 밀원식물로 좋다. 작은잎이 7~16개이고 뒷면에 털이 있으며 열매가 원두인 것을 오수유(*E. officinalis*)라고 한다."

머귀나무는 "대부분의 줄기가 셋으로 갈라져 3지목(三枝木) 같은 인상을 준다. 양수로서 내건성이 강하고 동백나무, 후박나무, 사스레피나무같은 상록활엽수와 함께 혼생하며, 줄기와 가지에 굵고 예리한 가시가 있어 줄기를 보호한다. 열매는 둥근 삭과蒴果로 11월에 익고, 종자는 흑색으로 광택이 나며 매운맛이 있는데, 향기가 적고 새와 짐승의 먹이가 된다. 열매는 기름을 짜서 각종 재료로 이용하고, 잎은 약제로 쓴다."

산수유는 "우산모양의 수형을 이룬다. 토심이 깊고 비옥 적윤한 곳에서 생장이 좋으며, 내한성이 강하고 이식력도 좋다. 열매는 긴 타원형의 핵과로 광택이 있으며, 8월부터 빨갛게 익기 시작하여 10월에 완숙한다.

산수유의 겨울눈. 꽃과 열매를 덜어 내고 휴식의 시간을 취한다.

산골짜기에 얼음이 풀리고 아지랑이가 피는 3월 중순경이면 화사한 황금색 꽃이 피어 약 보름간 계속되며 가을에 진주홍색으로 익는 열매가 겨울 내내 붙어 있는 아름다운 관상수이다. 잘 익은 열매는 차를 만들어 먹을 수 있고 강정제의 약효도 있다. 번식은 가을에 빨갛게 익은 열매를 채취하여 과육을 제거한 후에 반드시 2년간 노천 매장하였다가 봄에 파종해야 발아한다."고 하였다.

고욤나무
토종을 볼 줄 아는 안목을 키워주는 나무

수원농생명과학고등학교의 고욤나무. 열매가 포도알 크기로 많이 달리는 해가 있다.

학　명_ *Diospyros lotus* L.
영문명_ Date Plum

무게 지닌 것들은 가지 뻗은 거리만큼 날며 떨어진다

개울과 집 사이 급경사 언덕의 고욤나무

가을이면 한번씩 오랜만에 만나는 모임이 있다. 올해는 강원도 홍천 서석면에서 나이를 거꾸로 먹는 선배와 후배들이 함께 자리를 했다. 그야말로 1박 2일의 만남이다. 공직에서 정년하여 집을 짓고 터를 잡은 선배의 집이다. 집 아래에는 근사한 개울이 흐른다. 맑고 시원하여 심성을 다스리기에 안성맞춤이다. 개울과 집 사이 급경사의 언덕에는 고욤나무를 비롯하여 많은 나무들이 시원한 그늘을 만들고 있다. 여름이면 종일 서성대며 시간을 가질 수 있을 만한 곳이다. 물론 가을의 정취도 남다르다. 저녁에 각종 음식을 차려 살아가는 이야기를 나누었다. 정답게 건배사를 연호하며 즐거운 시간을 가졌다.

고욤나무는 알맞은 규모의 크기를 지녀 시선의 친근한 맛을 안겨준다.

'토종'과 친환경 청정 먹거리

돌아와 며칠 동안 즐거움이 가시지 않는다. 개울의 너럭바위를 감싸 주던 고욤나무의 공간감이 행복했다. 그래서 나무는 서 있는 자리에 민감하게 반응한다. 제자리에 심겨진 나무는 한껏 우주를 유영하듯 기품이 돋보인다. 나누었던 많은 이야기 중에 토종 유실수에 대한 대화가 그럴 듯하게 와 닿는다. 한 선배가 산돌배나무, 개복숭아 등을 위주로 한 농장을 경영하고 있었다. 그랬더니 한쪽에서 친환경 청정 먹거리에 대한 관심으로 토종 유실수와의 접점을 찾는 기웃거림이 전개되었다.

토종은 개량종에 밀려 없는 듯 존재감을 지녔었는데, 토종이라는 것 자체가 농약이나 인위적 간섭에서 벗어나 자유롭게 살아가는 것들이다 보니 그러한 먹거리 트렌드와 결부되어 새로운 가치를 찾게 되는 위치에 놓인 것이다. 그만큼 잃어버린 토종에 대한 문화적, 경제적 관점이 되살아나고 있음을 증명하는 것이다.

얼었다 녹았다 까맣게 변하여 익었을 때

내친김에 고욤나무에 대하여 관심을 집중한 내 자신의 이야기를 덧붙일까 한다. 개인적으로 고욤나무 열매를 채취하여 노천매장하였다가 파종하여 새로운 개체를 생산한 지 3~4년이 지났다. 일부는 여주에서 성장하고 있고, 올해 파종한 것은 다시 수원에서 자라고 있다. 고욤나무는 겨울에 나무에 매달려 얼었다 녹았다 하면서 까맣게 변하며 익었을 때, 이를 단지에 담았다가 먹을 것이 귀하던 시절에 꺼내 먹곤 했다. 잘 익은 고욤을 따서 항아리에 차곡차곡 넣어 두면 발효가 되어 걸쭉한 죽처럼 되는데, 겨울철 고욤을 먹는 맛이 남다르다. 그런 기억들이 보통 사람들의 고욤이라는 열매에 대한 추억이다.

고욤나무의 열매, 겨울 동안 매달려 얼고 녹고 하면서 까맣게 변한다.

무게 지닌 것들은 잽싸게 빈자리로
가지 뻗은 거리만큼 날며 떨어진다
낙엽은 휘둘려 고욤을 덮는다
그 집 안에서 생명은
오순도순 앉은걸음으로 종종거린다
이 아침의 생기는
까맣게 얼었다 풀리기를 되풀이하는
틀어 앉은 아침 햇살에
눈부신 고욤이 장가가는 잔치
(온형근 시집, 『고라니 고속도로』, '고욤의 상상력' 전문)

고욤나무의 열매는 맛이 달고 떫으며 성질이 서늘하다

고욤나무의 열매는 맛이 달고 떫으며 성질이 서늘하다. 설사를 멈추게 하며, 소갈증을 해소시키고, 가슴이 답답하면서 열이 많은 증상을 제거시켜 주며, 피부를 윤택하게 한다. 소변이 많아지고 고혈압과 중풍에도 치료 효과가 있다. 고욤의 탄닌 성분이 심전도에 변화를 주지 않으면서 혈압을 뚜렷하게 내리는 작용을 한다는 것이 임상 실험에서 밝혀졌다. 열매는 둥글며 노란색에서 검은색으로 익는다.

『삼명시화』에서는 고욤나무의 열매를 양조羊棗라고 하였다. 노란색이면서 어두운 자줏빛이 난다고 하였으니 노란색에서 검은색으로 익어가는 과정이리라. 이를 말린 것을 군천자君遷子라 하여 소갈이나 번열증에 쓴다고 한다.

수박씨를 즐겨 먹는 아버지와 고욤나무 열매를 즐겨 먹는 아버지

『삼명시화三溟詩話』는 조선의 삼명三溟 강준흠이 최치원이 해인사 입구 바위에 남겼다는 시를 시작으로 19세기 초반까지 시 127편에 얽힌 이야기를 엮은 책이다. 여기서 시화詩話는 시와 그에 얽힌 일화를 곁들여 품평한 글을 묶은 책이다. 이광사가 유배지에서 「딸이 보낸 수박씨에 답한 시[答女兒西瓜子]」가 있다. 여기에 고욤나무 열매인 양조羊棗가 나온다. 늦둥이 아들을 둔 내게 이 시는 읽다 절절하여 가슴이 앞뒤로 꽉 막힌다.

> 변방이라 계절 더뎌 과일도 늦게 나니 칠월이 되어서야 앵도 붉게 익는데, 관북에는 무산茂山 땅에 수박이 난다지만 금년에는 장마로 다 썩어 버렸구나. 이곳 사람들 손을 들어 두 주먹 합치며
>
> "큰 놈은 이만하다"
>
> 고 자랑하기에, 늘 술항아리만한 수박을 보아 온 터라 듣자마자 머금은 밥알이 뿜어졌구나. 평소에 나는 수박씨 먹기를 좋아하여 양조羊棗*와 비슷하다 혼자 웃었지만, 수박 구경도 못했으니 씨야 말해 무엇하리. 여름 내내 속절없이 내 이빨만 심심했네. 서울서 온 아이가 수박씨 한 봉지를 가지고 와 어린 누이가 멀리서 보내드린 것이라 하기에, 즐겁게 이빨로 까서 껍질을 뱉어내고 홍색 백색으로 널려진 모습을 보는구나. 네가 이걸 고이 담아 보낼 적에 나를 그리며 눈물 줄줄 흘렸겠지. 먹을 때마다 씨 모으느라 얼마나 마음 썼으며 아침이면 내어 말리느라 얼마나 번거로웠을까? 늘 지켜서 계집종이 못 훔쳐 먹도록 했고 갈무리할 땐 새언니에게 부탁하곤 했으리니, 예전에 무릎 위에 널 앉히고 함께 먹었거늘 오늘 이렇게 헤어져 있을 줄 어찌 알았으랴? 이 아이 늦둥이로 얻어 끔찍이도 사랑했으니 두 눈썹 그린 듯이 귀여웠고, 병든 어미를 간호함에 뜻을 잘 맞추어 응대에 민첩하여 번거롭게 가르친 적 없었었지. 부모는 너를 세상에서 진귀한 보배로 여겨 자랑하느라 입에 침이 말랐으며, 좋은 배필을 골라 노경에 낙 삼고자 했더니 뉘 알았으랴, 나이 여덟에 부모와 헤어질 줄. 생이별한 나는 애간장이 끊어지는 듯한데 네 어미 너 버리고 차마 어찌 떠났을까! 땅 밑에서도 두 눈 감지 못하리니 가슴을 터놓고 말하려다 문득 그만두노라.

수박씨와 고욤나무 씨가 비슷하다

유배지의 이광사에게 늦둥이 딸이 수박씨를 보냈다. 그 사연이 너무 절절하다. 추운 지방 사람이 두 주먹 합치며 수박 자랑을 한다. 매번 술항아리 만한 수박을 보던 이광사는 먹던 밥알까지 내뿜으며 웃을 수밖에 없다. 수박씨 먹기를 좋아하는 아버지다. 수박씨와 고욤나무 씨가 비슷하다 여긴 것을 보면, 추운 지방인 유배지에는 감나무는 추워서 재배되지 않고 고욤나무를 쉽게 보았던 모양이다. 수박씨는커녕 주먹 만한 수박도 먹어보지 못하는 유배지에 딸이 보낸 수박씨는 아버지로 하여금 회한의 정경을 한꺼번에 떠올리게 한다.

번거로움, 수고로움, 정성스러움의 마음씨

무릎 위에 앉혀 늦둥이 딸과 함께 먹던 수박씨다. 귀엽고 민첩하여 뜻을 잘 맞추어 주던 딸 아이다. 수박씨를 먹는 방법이 상세하다. 이빨로 까서 껍질을 제거하는데, 즐거운 마음으로 해야 한다. 그리고 이걸 널어 말린다. 붉고 흰색 섞인 풍경이 널려 있다. 말려 고이 담을 때 딸 아이는 얼마나 울었겠는가. 씨 모으는 마음씀, 내어 말리는 번거로움, 지켜 내는 수고로움, 갈무리하는 정성스러움을 한결같이 느낀다. 그 딸 아이 나이 겨우 여덟이다. 어머니는 아버지의 참형 소식에 지레 자결했고, 아버지는 유배지다. 가슴이 먹먹하여 더 말을 잇지 못한다.

아버지가 즐기는 고욤나무 열매

'양조'라는 말은 『맹자』 「진심하盡心下」에 "증자는 일찍이 자기 아버지 증석이 양조를 좋아한 까닭에 자신은 양조를 먹지 않았다 [曾晳嗜羊棗, 而曾子不忍食羊棗]"는 말에 나온다. 아버지가 좋아한 모든 것을 불경스럽게 생각한 것이 아니다. 누구나 즐기는 게 아니라 특별히 기호하는 것에 대한 회상이리라. 당시에도 양조라는 고욤나무 열매를 따로 준비하며 즐긴 사람은 많지 않았다는 것을 알 수 있다. 지금도 고욤나무 열매를 겨우내 항아리에 담아 두었다가 먹는 사람은 흔치 않다. 그 당시나 지금이나 고욤나무 열매 같이 작고 자극 없는 입맛을 좋아하지는 않았을 것이다. 크고 맛있는 감이나, 더 맛있는 많은 것들로 대체할 수 있기에 번거로움을 피할 수 있었겠다. 그러니 양조를 좋아하고 챙기는 일은 따로 몸을 부지런히 움직여 준비하고 즐겨야 하는 수고로움이 곁들여 지는 것이다. 아버지의 특별한 기호를 알기에 즐기기에는 그리움의 회한이 더 컸을 것이다. 슬픔에 겨워질 추모의 정을 아껴 두는 것이리라.

고욤나무 잎차는 질리지 않는다

그러나 내가 더 관심을 집중하는 것은 고욤나무의 잎이다. 감나무의 잎도 감잎차라고 하여 시판되고 있는데,

일찍 감나무의 잎보다 비타민 함량이 더 많은 토종 고욤나무의 잎으로 차를 만들어 시판하는 곳이 있었다. 차를 좋아하다 보니 여러 종류를 마시면서 서서히 내게 어울리는 차를 고르게 되고, 그것이 어느 정도 고착이 되어 감각적으로 차를 선정하여 계절에 따라 혹은 그날의 심리적 기운에 따라 마시게 되는데, 이 고욤나무 잎차는 갈수록 질리지 않고 자주 마시게 된 것이다.

고욤나무를 파종하여 묘목을 얻다.

고욤나무의 어린 순을 채취하는 것은

그러나 고욤나무의 어린순을 채취하는 것은 도심 생활에서 쉽지 않다. 고욤나무는 낙엽활엽교목으로 가지가 유연하여 올라서기도 쉽지 않다. 열매를 채취하는 것보다 어린순잎을 채취하는 것은 그만큼 쉬운 일이 아니다.

묘목을 재배하여 잎 채취에 알맞게 수형을 잡고, 생육 환경과 잘 어울리는 곳에 식재하면 어떨까 하는 관점이 생각의 출발점이었다. 고욤나무의 잎은 어긋나게 달리며, 타원형 또는 긴 타원형이고, 끝이 뾰족하며, 가장자리에 톱니가 없다. 꽃은 6월에 피고, 연한 녹색이며, 새가지 밑부분의 잎겨드랑이에서 달린다.

고욤나무의 꽃은 단정하게 립스틱 바른 청초함을 지녔다.

'개', '돌', '산' 이 붙는 토종의 이름들

고욤나무 잎에는 비타민 C와 P가 많이 들어있어 혈압이 높아지는 것을 예방하고, 콜레스테롤을 줄여 주며, 알칼리 성분으로 피를 맑게 하여 면역력을 높여 준다. 많은 토종들이 사라지고 있다. 토종은 선조들과 애환을 같이 했던 문화적 상징으로 보아야 한다. 개복숭아도 효소를 담아 이용하고 있다.

보통 토종들의 이름 앞에 '개', '돌', '산' 등이 붙는다. 산돌배 역시 토종으로서 그 기품과 함께 먹거리로서의 새로운 진가를 알리고 있다. 돌배 효소와 돌배주, 돌배 발효차까지 그 쓰임과 용도가 매우 다양하다. 앞으로 개발할 많은 토종 유실수에 주목할 필요가 있다.

천연기념물로도 지정되고 있는 고욤나무의 겨울 가지

편안한 생활양식의 순진한 회귀가 복이다

때마침 문화재청은 우리의 생활양식에 관련된 유실수인 '고욤나무'와 '산돌배' 한 그루씩을 천연기념물로 지정하기로 했다. 충북 보은군 회인면 용곡리 우래실에 있는 250년생 정도의 '고욤나무'와 경북 영양군 영양읍 무창리 지무실에 있는 200년생의 '산돌배'가 그것이다. 이들 나무는 규모가 매우 크고 수형이 아름다우며, 마을의 당산목으로 보호되어 온 점에서 생물학적 가치뿐 아니라 민속·문화적 가치가 있다. 토종에 대한 새로운 시각과 관심은 문화의 복원이며 편안한 생활양식의 순진한 회귀다. 세상에 많은 복이 있고 인연따라 그 복을 누리고 있겠으나 오래된 미래라 할 수 있는 토종 유실수에 대한 안목이야말로 복 중의 복이다. 새롭고 다정다감한 삶을 영위할 수 있게끔 돕는다. 오감을 만족시키고 오미를 향유할 수 있는 복이다. 그래서 자연에 대한 남다른 정감을 주는 복일 것이다.

단풍나무
생각에 색을 입혀 주는 매끄럽고 가벼운 나무

질감이 섬세하고 수관이 단정하게 정돈되어 널리 사랑받는 나무이다.

학　명_ *Acer palmatum* Thunb.
영문명_ Japanese Maple

오매, 단풍 들겄네

단풍의 계절이면 더 많은 생각들에 색을 입힌다

어김없이 가을이 오면 단풍이 불탄다
주변을 다시 돌아보게 하는
색의 시간이자 사색의 자연이다
지나며 무심히 보던 것들을 다시 남다르게 보게 된다
자신을 되돌아보는 오래된 습관이 발동한다
그렇게 살아온 날들을 꼽아보는 게 단풍의 가을이다.

어딘가에 자신의 마음을 들키고 싶은 계절, 그래서 엽서葉書를 썼을 게다. 단풍으로 울긋불긋 물든 나뭇잎에 길지 않은 사연을 압축하여 쓴다. 그 나뭇잎은 바람에 이끌려 어디로 갈지 알 수 없다. 사라진 것은 신록의 계절에 씻은 듯이 새 나뭇잎으로 태어나 압축된 사연을 모른 척 할 것이다. 그때부터 새로운 사연은 세월이라는 겹옷을 걸치며 무르익는다.

단풍나무는 잎의 안토시아닌 색소로
붉은 단풍이 된다.

가을이면 국토가 마비되는 아름다운 단풍의 나라

단풍의 계절이면 국토가 마비되는 나라다. 가을 단풍을 보면 너나없이 탄성 지른다. 바위 많고 험한 산이라 다양한 수종이 스스로 뿌리 내려 그야말로 서로 뽐낸다. 인공조림이 아니라 산이 스스로 색을 입는 형국이다.

단풍이 매년 같지는 않다. 엽록소와 날씨와의 관계에 놓여 있다. 온도와 습도가 관여한다. 낮에는 따뜻하고 맑아야 하고 밤에는 기온이 7℃ 이하가 계속되면 밝고 진한 단풍이 든다. 이때 갑자기 추워져 밤에 얼음이 얼지 않아야 한다. 낮 동안에 잎에서 생산한 당을 운반하는 잎맥이 밤 기온이 낮아지면 닫힌다. 당을 잎 밖으로 운반하지 못하니 잎에 그냥 남는다. 결과적으로 안토시아닌을 생산하는 데 쓰이는 당이 늘어난다. 당이 증가하니 안토시아닌 생산이 늘고 농도가 높아져서 짙은 단풍이 들게 된다.

서리가 일찍 오면 단풍이 잘 들기 전에 잎이 손상을 입어 색이 엷어진다. 낮과 밤의 기온차가 없는 따뜻한 날씨가 계속되거나, 낮 동안에 비가 내려 광합성을 많이 하지 못하면 안토시아닌 생산에 필요한 당 공급이 부족해져 단풍이 잘 스미지 않는다. 따뜻하고 습한 봄과 여름의 적당한 강우량으로 건강하게 자란 잎이 가을의 맑고 따뜻한 낮과 서늘한 밤 날씨를 만나야 단풍이 대단히 아름다워져 탄성을 자아내게 한다.

가을 단풍은 나뭇잎의 안토시아닌, 카로티노이드, 탄닌에 영향을 받는다. 안토시아닌 색소는 산성일 때 빨간색을, 알칼리성일 때 파란색을 내고, 카로티노이드계 색소는 수소이온농도와 상관없이 노란색 또는 주황색을, 탄닌은 갈색을 나타낸다. 황금색 단풍은 카로티노이드와 크산토필이 나타내는 색깔이다. 가을 단풍은 잎 세포에 들어 있는 색소분자의 상대적인 양에 따라 결정된다. 색소분자의 상대적인 양은 온도, 비, 낮의 길이 등에 달려 있다.

단풍나무 꽃지고 열매 맺힐 때 봄이 흐른다

이른 봄 단풍나무를 세심하게 바라본다.

단풍나무의 꽃은 잘 보이지 않는다. 그러다 꽃이 열매로 맺혀 매달리기 시작할 때야 "꽃이 피었다 이미 졌구나." 하며 바쁜 봄 계절이 흘러가는 것을 알게 된다.

놀랍게도 밀원식물을 연구한 에바 크란은 단풍나무가 피나무와 아까시나무와 동급의 꽃꿀을 제공한다고 했다(『ABC북 맛보기 사전』, 도서출판 창해). 봄이 되면 다시 단풍나무의 꽃을 기분 좋게 보아야 할 이유이다.

정원에 심는 단풍나무의 관상미

모든 나무는 직선과 각도를 거부한다. 어찌 보면 미학에서의 아름다움이란 부드러운 곡선에 일정 부분 기대고 있다. 자연은 직선과 각을 지니는 것을 생태적으로 거부하는지 모른다. 단풍나무는 붉게 물드는 잎을 강조하였지만, 어쩌면 단풍나무가 자아내는 아름다운 곡선의 힘에 무게를 실어 주어야 하지 않을까 싶다.

이런 단풍나무를 각을 만들어 산울타리로 실험하는 것을 보았다. 그만큼 단풍나무는 생명이 질기고 전정에 잘 견딘다고 보면 된다. 좀 심한 실험이고 실용화되지는 않았지만 가능성과 필요성에 의하여 시도될 수도 있겠다고 생각했다.

오래 전에 경주 힐튼호텔에서 반한 단풍나무가 있다. 너무 멋져서 마구 사진을 찍었다. 단풍나무를 터널 식재하여 유도 식재로서의 기능을 도입한 것이었다. 아주 근사한 풍경을 만들어 냈다. 단풍나무 낱개 식재에서 집단 군식 식재로의 시작일 것이다. 유행처럼 단풍나무 군식이 아파트 조경 등에 도입되기 시작한 계기이기도 하다.

단풍나무 *Acer palmatum*의 다양한 식재 형태

궁궐에 많이 심어, 풍신이 곧 조정을 뜻하고

단풍나무는 '조정朝廷'과 연관이 있다. 대궐을 '신宸'이라 적기도 하였고, '단풍나무 풍楓'자를 붙여 '풍신楓宸'이라 쓰고 조정을 뜻했다. 단풍나무를 대궐의 정원수로 많이 심었기 때문이다. 문헌에 단풍나무가 관상용 정원수로 사용한 사실은 이규보의 『동국이상국집』에 나온다. 또 조선 중기의 대표 정원인 '소쇄원'이나 더 늦게 만들어진 '다산초당'에 대한 기록에도 단풍나무에 대한 기록이 나온다.

단풍나무는 한자어인 '단풍丹楓' 또는 '풍楓'에서 온 말로 순수한 우리말은 아니다. 그러나 단풍나무는 토종 나무이다. 중국에서는 단풍나무를 한자로 '축수畜樹'라고 표기하는데, '축畜'은 중국말로 '색'이라고 읽는다. 중국말로 '색색'이라고 하면 나뭇잎이 떨어지는 소리를 가리킨다. '풍楓'이라는 나무가 중국에도 있는데, 우리나라의 단풍나무와는 거리가 먼 향료를 만드는 데에 쓰이는 나무이다.(『민화』, 중앙대학교 문화산업연구소)

단풍나무는 사람과 가깝다. 늘 곁에 두고 완상하고자 하는 나무 중 하나이다.

단풍나무가 살아가는 야무진 모습

단풍나무가 살아가는 모습을 주의 깊게 보면 참 야무지다. 주변의 어떤 나무에게도 밀리지 않는다. 소나무와 단풍나무가 함께 심겨져 서로 경쟁하면 소나무 가지는 단풍나무에 밀려 수형이 찌그러지고 만다. 부드러우면서 강한 외유내강의 나무가 단풍나무다.

숲이 가장 안정되어 있는 상태를 '극상림'이라고 한다. 이 상태에 숲을 차지하는 낙엽활엽수에는 서어나무, 개서어나무, 까치박달나무, 단풍나무 등이 있다. 소나무와 참나무류도 단풍나무 앞에서는 슬그머니 자취를 감추는 형국이다. 다른 나무와의 생존경쟁에 밀려 사라지지 않을 나무이다.

단풍나무는 때로 야무진 위용까지 지녔다.

고려대학교 민족문화연구원의 『한국민속대관』에는 단풍나무에 관한 두 가지 사실이 기술되어 있다. 하나는 상의 종류이고, 다른 하나는 사찰의 바리때에 관한 내용이다. 상의 종류는 상차림의 형식만큼 그 종류가 나눠진다는 것이다. 다양한 용도만큼이나 종류가 있으나 만드는 재료는 단풍나무나 대추나무라는 것이다. 또, 단풍나무가 매끄럽고 가벼워 쓰기에 편하다는 내용이다.

상차림에는 여러 형식이 있으므로 상에도 여러 가지가 있다. 네모상·책상반冊床盤·해주반海州盤과 같은 장방형 상은 조석 반상용飯床用으로 쓰인다. 크기에 따라 외상용·겸상용·셋겸상용 등이 있다. 단풍나무, 대추나무 등으로 만든 것이 매끄럽고 가벼워 쓰기에 좋다. 상의 면은 반드시 통판을 잘라서 쓴 것이어야 좋다. 팔각반八角盤·원반圓盤 등이 있다. 팔각상八角床은 상의 면이 8각으로 잘려 있고 여덟 쪽의 얇은 변두리가 붙어 있으며 조석반상朝夕飯床에도 쓰이지만, 그보다는 다과상·반과상飯果床 등에 많이 쓰인다. 원반圓盤은 단칠丹漆·흑칠黑漆을 한 것 등이 있는데, 원반은 주로 궁중의 진연進宴·진찬상進饌床으로 쓰였다. 구족반狗足盤(개다리소반)·단각반單脚盤·귀상 등 다리의 모양과 상면의 모양이 다른 여러 가지가 있다. 이러한 상은 대체로 간단한 차림의 술상으로 쓰였다.

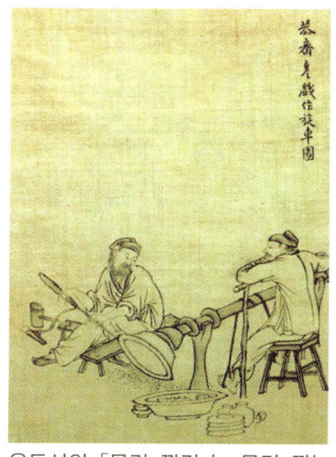

윤두서의 「목기 깎기」는 목기 깎는 장면을 그린 그림이다. 목기는 전라북도 장수, 무주, 운봉 지방의 특산물로서 물푸레나무, 피나무, 단풍나무, 노감나무 등으로 제기를 비롯하여 촛대, 찬합, 쟁반 등이 제작되었다.

스님의 바리때는 큰 것에서 작은 것으로 5~7층 가량이 포개져 1벌로 된다. 역시 대추나무나 단풍나무를 사용한다. 1벌의 바리때가 하나의 통나무에서 나와야 한다. 내가 단풍나무를 전정해보면 손목에 닿는 느낌이 물기가 있어 부드러운 편에 속한다고 여겼는데, 1벌의 바리때를 위하여 크고 작은 것을 함께 파서 매끄럽게 손질하기에 단풍나무가 적합한 것이다. 스님은 이 1벌의 바리때로 밥, 국, 김치, 나물 등을 담아 쓴다.

잘 생긴 단풍나무를 많이 볼 수 있다. 생활 적응력이 대단하다.

마로니에
스스로 덕을 많이 쌓아 푸른 윤기로 청량해지는 나무

수형이 아름다워 가로수나 학교, 공원 등에 적합하다. 단정하고 풍성해 보이는 게 특징이다.

[칠엽수]
학 명_ *Aesculus turbinata* Blume
영문명_ Japanese Horse Chestnut

[가시칠엽수]
학 명_ *Aesculus hippocastanum* L.
영문명_ Chestnut Common horse, Chestnut European horse,
         Chestnut Horse, Horse chestnut

떠도는 자에게 마로니에의 시선은 머물 수 있는 쉼터

장소가 만들어 내는 정체성과 활성화

서울대학교 문리과대학이 있던 자리가 마로니에 공원이다. 이 시절 대학생들의 이야기는 여러 책으로 소개되고 있다. 그 시대의 낭만이 그대로 압축되어 마로니에라는 나무의 이름으로 귀착되고 있다. '마로니에'라는 말은 나무의 이름을 넘어서서 보통명사로 다방, 카페, 식당의 이름까지 점령한 것이고 보면, 향수의 또 다른 이름이 아닐까 싶다.

나무 이름이 외래어로 불리어지는 것이 꽤 많다. 플라타너스, 메타세쿼이아, 라일락, 히말라야시다, 스트로브잣나무, 풍겐스소나무, 방크스소나무, 네군도단풍 등, 그럼에도 '마로니에(marronier)'처럼 확장된 용도로 이용되는 이름은 없다.

마로니에 공원에 식재된 '마로니에'는 보통명사로 더 널리 알려진다.

유럽 원산의 가시칠엽수와 일본 원산의 칠엽수

마로니에는 서양칠엽수를 말하며, 열매 표면에 가시가 있어서 '가시칠엽수(*Aesculus hippocastanum L.*)'라고도 한다. 칠엽수(*Aesculus turbinata Blume*)는 일본 원산의 칠엽수인 것이다. 프랑스 파리의 가로수로 심겨진 마로니에가 바로 가시칠엽수이다. 파리 몽마르트 언덕과 샹젤리제 거리의 마로니에 가로수는 파리의 명물이다. 그러나 대학로에 심겨진 나무는 일본 원산의 칠엽수인 것이다. 서구에 대한 동경이 마로니에를 다르게 보는 시각으로 작용했지만, 아이러니컬하게도 그 나무는 일본원산의 칠엽수였던 것이다. 알고 있었다면 그렇게 막연한 동경으로 나무를 노래하지 않았을 것이다.

열매에 가시가 없는 이 나무는 일본 원산의 칠엽수(*Aesculus turbinata*)이다.

긴 잎자루 끝에 작은 잎들이 모여 넓은 손바닥을 펼쳐 놓은 것처럼 일곱 개의 잎이 달려 '칠엽수'라 부른다. 어려서는 작은 잎들이 3~5개이지만 나중에 7개가 된다. 대개 5~7개의 잎을 가졌다. 가운데 잎이 크고 옆으로 갈수록 점점 작아져 둥글게 모여 있으며, 밝은 녹색의 색감을 자랑한다. 가을철 노란색과 붉은색으로 물드는 단풍이 장관이다.

마로니에 공원에 식재한 일본 원산의 칠엽수는 가시칠엽수에 비하여 잎가장자리의 톱니가 규칙적이고, 잎 뒷면 맥 위에 갈색 털과 함께 주로 흰색 털이 밀생한다. 유럽 원산의 칠엽수인 가시칠엽수는 잎가장자리가 불규칙한 겹톱니로 이루어져 있고, 잎 뒷면 맥 위에 갈색 털이 밀생한다.

가시칠엽수(*Aesculus hippocastanum*)는 열매에 가시가 달리는 종류라는 뜻이다. 잎가장자리가 불규칙한 겹톱니이고, 뒷면 맥 위에 갈색 털이 밀생한다.

여전히 그 나무를 마로니에라고 부르자

이 둘을 구분하는 간단한 방법은 열매에 가시가 있는 것이 유럽 원산의 서양칠엽수, 즉, 가시칠엽수(마로니에)라 부르는 나무이고, 우리나라에 많이 식재한 나무는 일본 원산의 칠엽수로 열매가 가시 없이 매끈하다. 둘 모두를 칠엽수라 부르는 사람도 많고, 모두 마로니에라 부르기도 하며, 일본산 칠엽수와 구별하기 위해 서양칠엽수만을 마로니에라 부르기도 한다. 그러나 어쩌랴. 아는 것이 모르는 것보다 꼭 유용하다는 보장은 없다.

여기서는 서양칠엽수, 가시칠엽수로 말하는 유럽 원산 마로니에와 마로니에 공원에 심겨진 칠엽수인 일본 원산의 칠엽수 모두를 '마로니에'라고 부른다. 분별이 필요할 때, 차이를 느끼고 싶을 때 딱히 구분하면 된다. 둘 다 외관상 풍기는 분위기와 뿜어내는 기운은 별반 다르지 않다.

어찌 부르고 불리어도 박건의 노래 "지금도 마로니에는 피고 있겠지. 눈물 속에 봄비가 흘러 내리듯, 임자 잃은 술잔에 어리는 그 얼굴. 아 청춘도 사랑도 다 마셔 버렸네. 그 길에 마로니에 잎이 지던 날, 지금도 마로니에는 피고 있겠지."는 여전히 그 나무를 마로니에라고 부르고 있으니 뭘 더 따져 볼까.

눈과 줄기의 끈적한 수지는 프로폴리스의 재료, 꽃은 밀원식물

꽃대 1개에 100~300개의 작은 꽃이 모여 핀다. 질이 좋은 꿀이 많아 밀원식물로도 좋다. 늦봄에서 초여름 사이에 백색 바탕에 분홍색 무늬가 있는 꽃이 핀다. 마로니에는 벌이 만드는 프로폴리스Propolis에 기여하는 나무에 속한다. 벌의 프로폴리스는 나무의 눈과 줄기에서 수집한 수지, 고무, 방향성 물질의 총합이다.

새 가지 끝에서 5~6월에 원추꽃차례로 꽃이 모여 핀다. 밀원식물이고 프로폴리스의 재료이다.

벌이 프로폴리스를 만드는 이유는 생활 과학적이다. 일정한 온도를 유지하기 위하여 벌통을 막을 때, 봉방의 갈라진 틈을 메울 때, 벌통의 내부를 매끄럽게 할 때, 여왕벌이 알을 낳기 전에 봉방에 살균 처리를 할 때, 꿀벌들이 치울 수 없는 동물의 시체인 나비, 도마뱀, 쥐 등을 덮을 때 사용한다.

이집트에서는 미라의 방부 처리에 사용했고, 현악기 제조업자들은 악기에 칠을 할 때 사용했다. 이탈리아의 몇몇 바이올린은 그 덕분에 아름다운 음색을 지닐 수 있었다. 프로폴리스에 식물 및 동물에 함유된 색소의 일종인 풍부한 플라보노이드는 살균 효과와 약효가 있다. 특히, 항생 효과가 뛰어나다. 요즘 유통되고 있는 프로폴리스는 감기 기운에 초기 대응하는 가정 상비약으로 이용하고 있다.

스스로 덕을 많이 쌓아 푸른 윤기로 청량해지는 모습

도시에 가로수로 많이 심는 마로니에는 심지어 고가도로 밑에도 심고 있다. 어디에 심어도 마로니에는 그 고유한 자태를 유지한다. 자태가 단정하여 의연한 뿌리를 가지고 있다는 상상이 가능해진다. 길 나선 자에게 길에 보이는 모든 것은 다정한 연유를 지녔다. 길을 나선 사람에게 마로니에의 그늘은 잠시 머물 수 있는 쉼터이고 그 아래 빙 둘러 앉아 휴식과 내면의 관찰로 시간 가는 줄 모를 것이다. 그때 바라보이는 나뭇잎의 시원한 크기와 모양은 지친 사람의 내면을 속시원하게 달래 주기에 충분하다.

떠도는 자에게 마로니에의 시선은
잠시 머물 수 있는 쉼터이고
올곧게 사방으로 뻗은 일곱 개의 잎
허공으로 헛것이 날아도
한쪽으로 아프고 한 쪽만 자라지 않는
어쩌면 하던 일 멈춰 커다란 잎이 되는

도시의 가로등 명멸하는 피곤함을

흔들리는 바람에 즐겁게 맡기고

미친 듯 현기증 같은 것으로 치유하고

넉넉하여 기꺼이 모두 받아들일 줄 아는

어디가 단정함의 중심이며

어느 곳으로 의연한 뿌리였겠는가

헛헛함이 자라

무성한 잎으로 돋아나고

고단함이 뿌리를 이루어

꽃으로 피어나는

떠돎

후덕하여 푸른 윤기

또는 회색빛 도시의 비 온 뒤의 청량함

아련한 채색의 크기로 은은한 기운 펼쳐 내는

그 자리에 늘 같은 시선인 것을

맥문동의 보라색 훈기가 마로니에의 푸른 청량감을 뒷받침하여 키운다.

자신은 공해와 싸우면서도 내색없이 올곧은 모습으로 위안을 준다

마로니에는 공해에 약한 편이고 건조한 토양에서 비교적 잘 자란다. 생장속도가 빨라 국도나 지방도의 가로수로 많이 심는다. 자신은 도시의 온갖 공해와 싸우면서도 하나도 내색하지 않고 올곧은 모습으로 위안을 주는 나무이다. 받아들일 수 있는 여유로움을 가득 지니고 있다. 스스로는 헛헛함이 자라 무성한 잎으로 돋아내면서도, 고단함이 뿌리를 이루어 꽃으로 피워내면서도, 스스로 덕을 많이 쌓아 푸른 윤기로 후덕하여 청량해지는 모습을 이루었다. 그 모습에서 뿜어 나오는 은은한 초록의 기운에 시선은 늘 고정되어 있다. 아직도 마로니에의 자리에서 늘 같은 시선으로 바라본다.

마로니에는 도시숲과 가로변 수목의 공익적 기능을 극대화하기 위해 수목을 통하여 도로에서 발생하는 이산화탄소를 저감할 수 있는 탄소저감효과가 큰 수종이다.

도시숲과 도로변 수목이 가진 공익적 기능

마로니에 가로수는 도로에서 발생하는 오염원 흡착과 이산화탄소 흡수기능이 뛰어나다. 도로 수목 식재를 통하여 탄소저감을 극대화할 수 있는 나무이다. 중부지방의 낙엽활엽대교목을 대상으로 도로의 탄소저감 효과를 조사한 바에 의하면 튤립나무, 메타세쿼이아, 양버즘나무, 은행나무, 느티나무, 회화나무, 마로니에, 상수리나무의 8종으로 선정되었다.

선정된 수종을 식재할 때에도 생장 속도와 과정을 고려하여 다층 식재 형식의 조합으로 구성하는 것이 바람직하다. 초기 단계에 생장이 왕성하여 탄소흡수량이 많은 튤립나무, 양버즘나무와 생장이 느리지만 중장기에 걸쳐 탄소흡수량이 많은 느티나무, 은행나무와 같은 수종을 동시에 식재 설계하는 것이다. 마로니에도 줄기가 굵고 매우 크게 자라며 웅대한 수형을 이루는 속성수에 해당한다.

궁궐 내 사대부 주택인 연경당의 마로니에

연경당 농수정 주변 아름다운 숲에 마로니에가 식재되어 있다.

연경당의 선향재는 방과 청으로 책을 보존할 수 있고 학문을 강론하는 서재이다. 서재의 동쪽 언덕에는 3단의 석단을 조성하고 화계 정원을 만들었다. 1단의 화계높이는 1m 내외로 되어 있고, 단 위는 조경 식재를 하였다. 화계 정원의 북동쪽 언덕 위 한적한 담 안에 정자가 있는데 우아하다. 농수정이라고 한다. 농수정 옆에 단풍나무 등 아름다운 숲이 조성되어 있다.

연경당에서 바라보이는 동남으로 담 밖에 재래종 늙은 배나무가 있고 ,고종 때 심은 마로니에 1주가 있다. 어느 외교관이 기념수로 심었다 전한다. 연경당은 정조 9년(1785)에 세운 수강재와 헌종 13년(1847) 건립한 낙선재와 석복헌과 같이 사대부 주택을 모방한 왕궁 건물이다.

모감주나무
피고 지는 것을 구별하지 않는 나무

초여름 꽃이 귀해질 때쯤 황금색 꽃차례로 화려하게 피어나는 나무

학 명_ *Koelreuteria paniculata* Laxmann
영문명_ Golden Rain Tree

꽃은 지는 게 아닌 것을, 꽃이 하나인 것을

나무에게 다가서는 여행의 시작

첫 시집에는 유난히 나무가 등장한다. 예감했듯이 내 삶이 어느 순간 나무와 함께 하고 있기 때문이다. 일찍이 특별하게 나무와 함께 많은 시간을 보내는 삶을 꿈꾼 적은 없다. 내 시에 나무가 많다는 것을 태생적 한계라 여긴 적도 있어, 의식적으로 나무의 등장을 줄여 보기도 하였다. 그 와중에서도 꽤 많은 사람이 나무에게로의 여행을 즐기고 있었다.

「그 정도라면 나무 공부, 이제 시작인 것이지.」하면서 무관심하려고 애썼다. 그러는 동안 세상은 식물적 사유의 출현을 고대하고 있었던 것이다. 신춘문예 따위의 각종 등단 작품에 노골적으로 나무가 등장하곤 했다. 그래도 나는 내심 흔들리지 않았다. 가능하면 생업인 몸으로 하는 고난스러움의 나무를 문학으로 훔쳐 보지 않겠노라고 스스로 되뇌고 있었다.

잎은 어긋나게 달리고 작은잎의 끝은 뾰족하며 가장자리에 둔한 톱니가 불규칙하게 있다.

외우고 분별하고 구별하여 알고 있다 다시 지워지는

그러던 나는 어느새 새로운 측면에서 나무를 공부하고 있는 자신을 발견하였다. 스스로 공부를 시작한 것은 대학을 졸업하고 직업으로서 생활을 시작한1986년 9월 이후이다. 부끄럽지만 그때는 소나무 종류조차 제대로 구별하지 못했다. 소나무, 리기다소나무, 곰솔, 심지어는 잣나무, 스트로브잣나무 등을 그저 소나무류라고 했다. 들은 풍월은 있는데 대체 이를 외우고 분별하는 게 무슨 소용 있을까 했다. 또, 구별하여 알고 있다가도 며칠 지나면 다시 지워지는 게다.

나무를 가지고 이야기를 나누는 일보다 사람이 살아가는 일에 대한 너스레와 심리적 기작에 대하여 관찰하는 일이 더 좋았기 때문이다. 주로 사람에 대한 관찰과 묘사에 집중한 시절이기도 하다.

모감주나무의 까만 종자가 꽈리를 터트리며 튀어 나온다.

내가 변해야 나를 만나는 대상도 변한다

어느 정도였냐 하면, 나무가 꽃을 피우는 것도 제대로 마음 두고 본 적이 없었다. 일찍 꽃부터 피는 개나리, 진달래, 아주 큰 꽃인 백목련 정도이지만 꽃이 필 때야 아는 척 하는 것이다. 그래도 살아가는 데 아무 지장이 없었다. 그런데 삶의 지장 정도가 아니라 대오의 각성이 생겨난 것이다. 내가 변하지 않고는 나를 만나 나의 이야기를 듣는 대상을 변하게 할 수 없다는 생각을 하게 된다.

스스로 자연의 위대함에 대하여 책을 읽으면서 정리하기 시작하였다. 내게 자연은 나무로 대변되는 환경의 연속이었다. 그때 이후 지금까지 교보문고를 다니면서 몇 안 되는 식물 관련 서적을 구입하는 일이 계속된다. 스스로 사상적으로나 생활인으로서 나무를 통해 심신을 어루만지는 길을 걷기 시작한 것이다.

자꾸 다가서니 나무가 내게 손을 내밀었다

정확하게 말하면 그 당시 나무가 내게 손을 내밀었다. 나무와 이야기를 나눌 수 있기 시작한 것이다. 나무를 공부한 지 6개월 만이다. 이미 모든 주말은 광릉수목원, 서울대안양수목원, 천리포수목원 등으로 오가는 일에 맡겼다. 여주에서 버스를 타고, 또 갈아타고, 걷곤 하면서 그 일은 자석처럼 나를 이끌었다. 그때 내 애인은 나무인 것이 분명했다. 자다가도 어떤 나무를 공부하다가 벌떡 일어나 다시 책을 찾아보곤 했다. 임경빈 선생의 '나무백과'라는 책은 복음이었다. 아주 곱게 모셔 놓고 읽곤 했다. 지금도 나무이야기는 그 이상인 것을 찾지 못한다. 임경빈 선생은 돌아가시기 전, 실제로 시집을 한 권 출판하셨다. '나는 나무입니다'라는 시집이다.

나무를 통하여 세상을 빗대는 대화술이 개발되다

그때 나는 나무를 주제로 시를 쓸 것이라는 생각은 전혀 하지 못하였다. 그러면서 나무를 통하여 세상을 빗대는 대화술이 개발되기 시작하였다. 그때 나의 이야기는 사람들의 귀를 쫑긋 세우게 하는 신선함이 있었다. 마악 시작된 다양한 사회적 긴장을 덜어 내면서 다른 절대자의 입인 나무의 육성을 빌려 부드럽게 전개할 수 있는 화법인 것이다.

모감주나무의 겨울 가지는 야물딱지고 대륙적이다.

내 안에 나를 이끌었던 황금주머니의 반짝임

모감주나무는 비교적 일찍 내 안에 자리한 나무이다. 자생 수목이면서 조경수로 각광을 받을 수 있는 나무로 점 찍었던 나무이고, 종자 채취 후 파종하여 새 생명을 수없이 받아 낸 나무이다. 지금은 흔하지만, 그때 이 나무를 아는 사람은 많지 않았다. 노란색 꽃이 피었다가 그 자리에 꽈리로 열매가 만들어지는 나무이다.

꽃이 피어 / 아 꽃이 피었구나 했다 / 그 사이에 / 있고 없음 / 묻고 답함이 스쳐갔다 / /그 꽃이 / 살짝 입힌 노란색 꽈리로 / 새 옷 입은 것을 보고서야 / 꽃은 지는 게 아닌 것을 / 꽃이 하나인 것을 / / 내 눈길이 / 젖어 있었다 (온형근 시집, 『보이는 혹은 보이지 않는』,《모감주나무》)

풍선처럼 부풀어 오르면서 황금색 꽈리처럼 열매가 익는다.

이 시는 살고 죽음에 대한 내 인식의 변화를 보여 준다. 나무와 함께 자연을 읽고 함께 하면서 만들어진 사생관이라고 할 수 있다. 살고 지는 게 어디까지가 사는 거고, 여기서부터가 지는 게다라는 구별이 뭉그러졌다. 모감주나무 한 그루에 천지가 담겨 있었다. 내 안도 그랬다. 꽃이 졌을 때 나무가 끝난 게 아니었다. 그 자리에 생명이 담겨져 꽃을 피우고 있었다. 사는 것도 꽃을 피우는 것이고, 죽는 것도 꽃을 피우는 것임을 깨달은 것이다. 말로 혹은 글로 깨달은 게 아니라 모감주나무와 몇 년 동안 만나고 비비고 어루만지며 열매 맺고 생명을 만들어 내면서 일체감을 이룬 노릇이다. 아름다움은 열정을 지니고 있고, 그 열정은 반드시 반사되는 것을 배운다. 따신 것들은 메아리가 있다. 삶에 대한 젖은 시선은 죽음조차 반짝이게 한다.

바닷물을 따라 바닷가에, 바닷가를 따라 자란다

모감주나무 *Koelreuteria paniculata Laxm.*의 원산지는 중국이다. 충청남도 태안군 안면읍 승언리에 있는 모감주나무 군락지는 천연기념물 제138호이다. 군락 길이는 120m이고 중간 부분의 너비는 15m 정도이며, 해안의 돌과 자갈로 덮인 곳에서 바닷가를 따라 자란다. 낙엽소교목이어서 과수원같이 보이며 방풍림의 역할을 한다.

포항 영일 발산리 모감주나무 군락은 동해안을 내려다 보는 곳으로 경사 급한 암석지에 모감주나무 300여 그루가 자라고 있다. 이러한 모감주나무 자연 식생은 희귀하여 학술적 가치가 인정된다.

『한국의 식물』의 저자인 이영노는 모감주나무의 열매가 해류에 의하여 한국 해안 및 일본 해안에 전파되었다는 학설을 1958년에 발표하였다. 김태정은『155마일 야생화 기행』에서 백령도 탐사 시 바닷가에 모감주나무 군락지가 사람의 간섭을 받지 않고 잘 자라고 있는 것을 보았다고 했다. 백령도에서 자라는 모감주나무는 휴전선 이남 가장 북쪽에 서 자라는 나무가 되었다.

거제 한대리(위 왼쪽)-포항 발산리(위 오른쪽)-새만금 비안도(중간 왼쪽)-완주 대문리(중간 오른쪽)-완주 갈문리(아래 왼쪽)-태안 승언리(아래 오른쪽) 모감주나무 군락지

모감주나무는 야위고 수척한 모가 난 꽈리를 가졌다

모감주나무의 한자 이름이 재미 있다. 난수欒樹라고 한다. 난은 둥글 란, 모감주나무 란으로 읽는다. 둥글고 야위어 수척하고 쌍둥이이며 가름대와 모서리, 방울의 의미를 지니고 있으면서 모감주나무를 지칭하는 글자다.

안덕균의 『한국의 약초』에는 모감주나무의 꽃을 난화欒華라 하고 그 맛은

쓰고 약성은 차다 했다. 열을 수반한 안질환과 안구 충혈에 응용된다고 했다. 반면, 영명은 Golden rain tree이다. 원추꽃차례의 꽃이 지는 모습이 하늘에서 황금 꽃비가 쏟아지는 모습과 흡사한 것에 주목하여 네이밍 되었을 것이다.

뒤로 젖혀진 꽃잎의 안쪽에 점점 빨간 립스틱을 바른 것처럼 붉어진다.

모감주나무의 꽃과 열매는 시각적 연속성을 안겨준다

　모감주나무의 꽃은 노란색이지만 중앙부가 점점 빨간 립스틱을 바른 것처럼 붉은색으로 변한다. 모감주나무는 바닷가에서 시작하여 사찰과 마을 주변에서 자라고 있다. 잎가장자리에 불규칙하고 둔한 톱니가 있고 밑부분이 얕게 갈라져 있다. 잎은 어긋나게 달리고 7~15개의 작은 잎으로 된 1회 깃꼴겹잎이다. 꽃이 지면서 곧바로 꽈리 모양의 열매가 맺히는데, 뒤돌아 볼 틈도 없이 열매가 삭과로 맺힌다. 삭과는 '튀는 열매'로 부르는데, 햇빛에 종자를 싸고 있던 꽈리 같은 껍질이 벌어지면서 열매가 튀어 나오는 종류를 말한다. 종자는 까맣고 둥글며 윤채가 있어 염주로 만든다. 무환자나무 종자와 혼동되기도 한다.

모감주나무 열매로 만든 염주가 얼마나 좋은지

모감주나무 열매로 만든 염주를 가지고 싶어 하는 두 스님의 이야기가 있다. 꽤나 정다운 사이이고 같은 길을 가는 도반이었지만 탐욕은 예측하지 못한 파국으로 몰고 간다. 기승전결이 교훈적이다. 좋다는 분별이 생기는 순간 마음은 움직인다. 그 마음을 잡지 못하니 천 길 낭떠러지기도 보이지 않는다.

옛날 강원도 발연사鉢淵寺에 여러 스님이 살고 있었는데 그 가운데 젊은 비구승 계인戒人과 지상知相은 도반으로서 정다운 사이였다. 그런데 어느 때에 지상은 남쪽에서 온 어떤 스님으로부터 목에 거는 모감주 백팔 염주 한 벌을 선물로 받아 가졌다. 이 모감주는 굵지도 가늘지도 않은 중간치로서 새까맣게 생긴 것인데 윤이 나서 반들반들한 것이라 누구든지 보는 사람은 탐을 내어갖고 싶어 하였다. 지상은 그것을 애지중지 아끼고 자나 깨나 목에 걸고 벗어놓지를 아니하였다. 그런데 계인대사는 몹시 탐내어 가지고 싶어 하였다. 어느 해 봄날 계인은 지상에게 절 뒷산으로 올라가서 소풍이나 하자고 권하여 천 길 만 길이나 되는 험준한 산봉우리에 앉아서 놀게 되었다. 이때 계인은 지상을 바라보면서

「자네 그 염주 좀 구경하세.」

하고 말을 건다. 지상은 무심하게 생각하며

「밤낮 보던 염주인데 왜 여기 와서 새삼스럽게 보자고 하는가?」

「공연히 보고 싶어서 그러네.」

「그러면 잠깐만 보고 다시 돌려주게나.」

하고 목에 걸었던 염주를 벗어 주었다. 계인은 염주를 받아 만져보며

「참 곱게 생긴 염주야! 이것을 나에게 줄 수 없겠는가?」

「농담 말게, 내가 그것을 생명같이 아끼는 것인데 자네를 주겠나! 다른 것을 줄지언정 염주만은 줄 수가 없네.」

「정말 줄 수가 없어?」

하면서 고함을 치더니 계인은 별안간 지상을 발길로 차서 천 길 만길 되는 낭떠러지로 떨어뜨리고는 혼자 염주를 가지고 절로 내려왔다. 그러나 혹시 죄가 탄로 날까 두려워서 바랑을 짊어지고 절을 떠나고 말았다.

 한편 지상은 절벽에 떠밀리는 순간 〈악!〉 소리를 지르며 떨어졌다. 그러나 불행 중 다행으로 중간쯤에서 바위틈에 자라난 큰 측백나무 가지에 대롱대롱 매달려 생명만은 잃지 않았던 것이다. 그는 정신을 차려서 살펴보니 위아래가 천야만야 절벽으로 혼자 힘으로는 도저히 나갈 수가 없었다. 그는 죽으나 사나 「관세음보살」을 부를 수밖에 없다고 생각하고 지성으로 관세음보살을 생각하고 불렀다. 비몽사몽간에 웬 노장 한분이 나타나더니

「여보, 젊은 대사가 염주 한 벌의 애착 때문에 욕을 보게 되었구려. 탐착이란 그렇게 무서운 것입니다. 나도 〈발연사〉에 있던 화주승化主僧이었는데 시주 돈을 거두어서 절을 다시 중창重創하려다가 내 돈도 아닌 공금임에도 역사役事를 벌리면 그 돈이 없어지는 게 아까워서 다락 속에 감춰 놓고 차일피일 미루어 오다가 신벌神罰을 받아서 큰 구렁이가 되어 이 낭떠러지 밑에 살고 있소.
내가 대사를 구해 줄 테니 절에 들어가거든 내가 하지 못한 불사를 이룩해 주시기 바라오. 그리하면 스님도 좋고 나도 좋지 않겠소. 내가 구렁이 몸으로 기어 올라가니 대사는 내 등을 타고 꼭 붙잡고 놓치지 마시오. 그리하면 산봉우리 위로 올라가서 내려놓을 터이니 절로 돌아가시오. 그리고 내가 부탁한 것은 꼭 잊지 말고 시행하여 주시기 바라오.」

라고 한다.

지상은 꿈에서 깨어나 이상하게 여기면서 낭떠러지 밑을 내려다보니까 시커먼 괴물체가 기어 올라오는 것이다. 그 물체가 가까이 기어 올라오는 것을 보니 대들보만한 먹구렁이였다. 나뭇가지 사이로 올라오더니 타라는 듯이 등을 들여대는 것이었다. 지상은 꿈 가운데서 부탁을 받은 일이 있으므로 징그럽기는 하지만 우선 살 욕심으로 구렁이 등에 올라탔더니 구렁이가 떨어지지 않게 꼬리로 지상의 몸을 감싸고 슬금슬금 기어 올라간다. 급기야 산봉우리 위로 올라가서 평지에 내렸다. 지상은 구렁이에게 절을 하고 약속을 지키겠다고 맹세한 후 구렁이와 작별인사를 나누면서

「감사한 마음 그지없소이다. 스님의 소원을 내 몸이 부서지더라도 시행하리다.」

하고 사지에서 살아났던 것이다.
절에 돌아와 공루에 올라가서 채독을 열어보니 시주의 방함록과 함께 엽전 수백 냥이

노끈에 꿰어져 구렁이처럼 서리고 있었다. 지상은 대중에게 공포하고 이 돈을 꺼내어 발연사를 중건중수하고 낙성회향재를 올리었다. 또 이를 위하여 지장기도까지 올려서 천도하였다. 그랬더니 구렁이는 다시 꿈에 본 노장 스님의 모습으로 나타나 지상에게 치하하고

「나는 덕택으로 구렁이 몸을 벗고 천상으로 올라간다.」

고 하였다.

계인대사는 이 소문을 듣고 지상을 찾아와서 염주를 돌려주며 지난 일을 참회하고 사죄하였다. 이 때 지상은

「이 염주 때문에 서로 본의 아닌 죄를 지은 것이오.」

라고 말하며 염주를 불에 태워버리고 나서 그들은 중은 절대로 고귀한 물건을 가질 것이 아닐 뿐만 아니라, 애착이나 탐욕할 것이 아님을 서로 다짐하였으니, 이로부터 그들은 신심을 돈발하여 후에 고승이 되었다고 한다.

(權相老文集)

꽃처럼 아름다운 처녀의 신표인 모감주나무 염주

『한국신소설대계 1편』 이해조의 《화세계》에는 꽃처럼 아름다운 처녀 '수정'이가 사주단자밖에 받은 적 없고 얼굴조차 모르는 남자를 기다리다가 종내는 경성으로 직접 찾아 나서기까지 하는 의지를 표명하는 대목이 있다. 수월 스님은 모감주나무 염주를 몸에 지녀 보물과 패물이 든 견대를 찾으러 왔을 때의 비표를 삼자고 했다.

수정은 수월 스님이 준 모감주나무 염주를 지녔다가 자신의 보물을 찾으러 보내는 사람에게 비표로 쥐어 보내면 되게 끔 한 것이다. 여자의 마음이 한번 인연을 맺으면 삼 척 비수로도 끊기 어렵고 천 근 철퇴로도 바수기 어렵기 때문에 길을 나서는 것이다.

수정이가 새벽되기를 기다려 길을 떠날새 허리에 띠었던 견대를 끌러 수월암을 주며,

"이것을 홀로 나선 여자 몸에 지니고 가다가 무슨 위험한 일을 당할는지 알 길 없사오니, 어려우시나 스님께서 갖다 두셨다가 모월 모일에 제가 찾거든 내어주시며, 스님께서 긴급하신 일이 있거든 아무 고기* 말으시고 몇 가지든지 마음대로 내어 팔아 쓰시옵소서."

수월암이 그 견대를 받으며,

(수월) "이 애, 그렇지 아니하다. 이 속에 각색 보패 있는 것은 거번에 강변에서도 보았다마는, 적지 않은 재물을 송장이 거진 된 내가 맡아 있기도 조심되고, 또는 이것이 경보*가 되어 네 몸에 지니고도 아무 데를 못 갈 바 아니니 천부당한 말 말고 이왕 모양으로 네 옷 속에 단단히 간수하고 가거라."

(수정) "이왕이라 지니고 있었지요마는 어찐 곡절인지 마음에 실쭉하오니, 어려우시나마 스님께서 아직 맡아 두시면 아까 하시던 말씀과 같이 소승이 내려오든지 사람을 보내든지 좌우지간 할 것이니 그때 보내주셔요. 에구, 그도 저도 소식이 없거든 소승이 세상에 뜻이 없어 물에라도 빠져죽은 줄 알으십시오."

(수월) "네가 정 고집을 할 터이면 나를 맡기고 가기는 해라마는, 만일 네가 못 오고 사람을 보낼 터이면 무슨 신적*이 있어야 서로 믿을 터이니 이것을 간수하였다가 주어 보내어라."

하며 손목에 걸었던 모감주*를 벗겨 수정을 주더라.

여자의 마음이라는 것은 한번 맺으면 삼 척 비수로도 끊기 어렵고 천 근 철퇴로도 바수기 어려운 것이라. 그러므로 천성에 용납지 못한 바가 되어 삼엄한 의리도 능히 지키고 악착한 죽음도 왕왕 생기는 것이라. 수정이가 몇 차례 죽기를 결심하고 한번 잡은 지조를 변치 아니함은 한갓 구참령을 저버리지 말고자 함이라. 생전에 기어이 소식을 알아볼 작정으로 연약한 여자로 풍우를 무릅쓰고 천 리 경성 머나먼 길을 죽장망혜*로 올라오는데, 낮이면 길을 걷고 밤이면 주점에 들어 부지중 며칠이 되었던지 남대문 밖을 당도하였는데, 그때는 지금과 같지 아니하여 승의 복색으로 성중에 들어오지 못하는 법이라, 사람을 만나는 대로 길을 물어 밖 남산으로 돌아 동문 밖 청량리 승방에 와 유련*을 하게 되었더라.

* 고기顧忌 : 뒷일을 염려하고 꺼림.
* 경보輕寶 : 몸에 지니고 다니기에 편한 가벼운 보배.
* 신적身迹 : 몸의 흔적.

* 모감주 : 모감주나무의 열매. 여기서는 모감주나무의 씨로 만든 염주를 가리킨다.
* 죽장망혜竹杖芒鞋 : 대지팡이와 짚신이란 뜻으로, 먼 길을 떠날 때의 아주 간편한 차림새를 이르는 말.
* 유련留連 : 객지에 묵고 있음.

읍취정 입구에 정영방 아들이 심은 모감주나무

아버지와 아들의 시공을 잇는 읍취정 입구 모감주나무

전통 조경을 공부하다 보면 정영방의 영양 서석지가 나온다. 경북 영양군 입암면 연당리에 위치한다. 정영방은 광해군에게 실망하여 은거하면서 서석지를 조성하여 경영하였다. 연못을 중심으로 큰 정자인 경정이 있고, 그 옆의 주일재 앞에는 연못 쪽으로 돌출한 석단인 사우단을 만들고 소나무, 대나무, 매화, 국화를 심었다. 연못을 사우단을 감싸는 U자형의 모양을 가졌다.

읍취정挹翠亭은 정영방이 영양에서 안동 송천으로 돌아와 선어대 아래에 지은 정자이다. 이 정자는 안동 8대 경승의 하나인 선어대를 바라보며 고즈넉하게 자리 잡고 있다. 정자 입구에 모감주나무가 한 그루 있는데, 선생의 아들이 영양군 입암면 연당리에서 옮겨 심은 것이라 전한다. 아버지의 흔적을 찾고 은거하며 살던 연당리의 풍물을 하나 보태 주려는 아들의 세심한 마음씀이 나무 옮겨 심는 일로 나타난다.

백목련
배려하고 희생하는 마음으로 가득 푸르른 나무

수줍은 듯 청초함을 어쩌지 못하는 꽃이다

학 명_ *Magnolia denudata* Desr.
영문명_ Yulan

환하게 터져 펄펄 날린다

기왕이면 백목련도 군식이어야 위풍 당당하다

백목련 없는 공공기관 없고, 주택 정원 없다. 공동 주택 근처 화단에도 백목련은 어김없이 꽃을 피운다. 자태의 흐트러짐이나 수형의 어긋남에 상관없이 꽃 피는 계절이 오면 일단 흰 꽃으로 존재감을 드리운다. 무심코 지나던 골목길에서도 꽃이 피어 탄성을 자아낸다.

목련류에 속하는 나무들의 특징이면서 동시에 잎보다 꽃이 먼저 화려하게 터지면서 "나 여기 있어요." 외치듯 출현한다. 아무 생각 없이 봄을 지나던 사람들에게 꽃은 "어! 벌써! 이런, 꽃이 피었네."를 되뇌며 지난 계절을 잠깐이라도 되돌아보게 한다. 이른 봄을 깨닫게 해주는 나무이다.

잎보다 먼저 피는 커다란 흰색 꽃은 한량없이 화려한데, 자세히 보면 수줍은 듯 청초함을 어찌지 못하는 꽃이다. 4월의 용모를 해사하게 만드는 의미 있는 꽃이다.

배려하고 희생하는 마음이 나무의 푸르름 아닐까

8월 아주 더운 날, 화성 용주사를 찾았다. 8월이면 배롱나무가 더할 나위 없이 빼어난 계절이다. 이곳에 수형 괜찮은 나무가 있다. 배롱나무를 보러 갔다가 백목련을 보게 된다. 배롱나무를 배경으로 백목련 군락이 전각의 지붕 사이로 늠름하게 자리하고 있다.

배려하고 희생하는 고운 마음이 백목련 군식의 푸르름

배롱나무의 화려함에 눈부셨는데
당찬 모습의 푸른 잎으로 반짝이는
백목련의 자태에 더욱 눈이 맑아진다

"저거였구나"

흰 꽃 활짝 핀 봄만 백목련의 계절이 아님을 알게 된다
푸른 군식을 배경으로
앞서 나온 8월의 배롱나무를
어쩌면 저렇게 돋보이게 할까
배려하고 희생하는 고운 마음이
백목련 군식의 푸르름에서 비롯되는 것이었다

모여 심는 것을 군식이라고 하는데, 백목련도 화려한 꽃의 장엄함을 보려면 군식이 바람직하다. 꽃이 나무 전체를 덮는다. 백목련의 꽃 색깔은 연한 노란색을 띤 흰색이라고 해야 할 것이다. 무안 화산 백련지의 흰 연꽃축제를 다녀온 사람은 흰 연꽃의 장엄을 안다. 목련은 나무 연꽃이다. 백목련은 나무에서 피는 흰 연꽃이다. 과히 무안 백련지의 흰 연꽃 바다와 비견할 만하다. 백목련 5그루만 심어도 흰 연꽃 바다를 만들 수 있으니 꽤 괜찮은 풍경이다.

나무에서 피어 내는 흰 연꽃이 하늘을 배경으로 떠 있다.

흔하게 볼 수 있는 백목련과 알현 어려운 목련은 서로 다른 나무이다

흔히 볼 수 있는, "목련이네!"라고 툭 던지며 부르는 대개의 나무는 목련이 아니다. 대부분 조경용으로 식재한 백목련이다. 백목련과 목련은 서로 지체를 달리 한다. 백목련은 쉽게 만날 수 있지만, 목련을 알현하는 일은 드물고 귀한 일이다. 지체 높은 목련을 살펴본 후 백목련을 만나면 저간의 사정을 이해할 수 있다. 목련의 자생지는 제주도 한라산 표고 1,800m의 개미목 부근이다. 그러나 전국 어디서나 월동이 가능하고 개화 결실이 된다. 완주나 순천 지역에서 목련을 관상수로 재배 생산하고 있다.

칸돌레는 목련의 학명을 마그놀리아 코부스(Magnolia kobus)라 붙였는데, 마그놀리아는 프랑스 남부 몽펠리에 대학 식물학 교수 피에르 마뇰(Pierre Magnol)을 뜻하고, 종소명인 코부스는 목련을 나타내는 일본어 '고부시 コブシ'를 말한다.

목련은 꽃잎이 6~9개이며 밑 부분에 연한 홍색 줄이 있다. 꽃의 지름이 10cm 이하로 백목련에 비하여 작고 꽃이 활짝 벌어진다. 백목련은 꽃잎이 6개이지만 꽃받침이 꽃잎과 거의 같아 보여서 9개로 보이는 것이 목련과 다른 점이다. 꽃의 지름이 10~15cm로 목련보다 크다. 꽃이 목련처럼 벌어지지 않는다. 목련은 외국 육종 개량된 목련류의 꽃에 비하여 한국적 아름다움을 지녔다고나 할까.

백목련은 피어나는 꽃의 모양에 이름을 붙였다

여기에서 말하는 백목련은 프랑스 식물학자 데스루소가 속명은 목련과 같이, 종소명은 데누다타(denudata)라 붙였다. 데누다타는 '벌거벗은 채로 나와 있는'다는 뜻이다. 백목련이 피어나는 꽃의 모양을 보고 이름을 붙였다. 백목련이 활짝 피었을 때의 모습을 보면 뭔지 모를 부끄러움이 앞서는 것도 그런 연유일까. 화려하고 풍성해 보이는 백목련의 향기는 목련보다 훨씬 진하다. 개화기간이 짧고 한꺼번에 떨어지는 꽃의 대명사이다. 떨어진 꽃잎들은 짓물러 바닥이 지저분해진다. 꽃 지고 새 잎이 나오는 사이의 절체 절명의 시간에 묵직한 침묵이 흐른다.

새싹이 트기도 전에 꽃을 활짝 피워서 자신의 육체와 영혼을 한꺼번에 끄집어 보여 준다는 것은 가히 살신성인의 수준이다. 이렇게 쏟아 내고 나면 무슨 힘으로 영양분을 공급하며 아기자기한 모습을 보여 줄까. 나무의 전체적인 키에 비하여 가지가 만들어 내는 폭이 넓게 퍼져 든든하다.

꽃 이후 기력을 모아
빨간 열매에 집중한다

그래도 쏟아 낸 후 새롭게 만들어 내는 푸른 잎과 열매를 보면 살아가는 에너지의 원천이 대단함을 알 수 있다.

가을에 익은 열매를 따서 붉은색의 납분을 제거한 후 12월에 물기가 고이지 않는 양지쪽에 가는 모래와 충적하여 노천매장한 후, 봄에 꺼내어 파종하면 번식된다.

시인 박목월은 '사월의 노래'라는 시에서 다음과 같이 목련을 노래했다.

사월의 노래 / 박목월

목련꽃 그늘 아래서
베르테르의 편질 읽노라
구름꽃 피는 언덕에서
피리를 부노라
아아 멀리 떠나와
이름 없는 항구에서 별을 보노라
돌아온 사월은
생명의 등불을 밝혀 든다
빛나던 꿈의 계절아
눈물 어린 무지개 계절아

목련꽃 그늘 아래서
긴 사연의 편질 쓰노라
클로바 피는 언덕에서
휘파람 불어라
아아 멀리 떠나와
깊은 산골 나무 아래서 별을 보노라
돌아온 사월은
생명의 등불을 밝혀 든다
빛나던 꿈의 계절아
눈물 어린 무지개 계절아

그러나 정녕 '사월의 노래'에서 기억나는 구절은 한 구절이다. '목련꽃 그늘 아래서 베르테르의 편질 읽노라.' 그 밖의 다른 구절은 기억나지 않는다.

겨울눈으로 봄의 꿈을 더디게 꾼다.

'목련꽃 그늘'이라는 게 무엇일까. 그러한 상황에 있어는 보았는가. 대체 '베르테르의 편지'가 뭐 길래? 이 두 의미가 어울려 이 시 전체를 휩쓴다. 그러고 보니 소설가 김하인의 '목련꽃 그늘'이라는 책도 있다. 앳된 중학교 소년과 대학생 누나의 사랑 이야기이다. '젊은 베르테르의 슬픔'에 수록된 총 82편의 편지는 베르테르가 로테를 처음 만나게 된 순간부터 숨을 거두기 직전까지의 사랑과 고통, 절망과 환희로 덮여 있다.

"내가 그녀를 이렇게 사랑하고 있는데 정작 다른 남자가 그녀를 사랑할 수 있다는 사실을 나는 가끔 이해할 수 없다네. 나는 오직 그녀만을 마음속 깊이 흠모하고, 그녀 말고는 아무도 알지 못하며, 그녀 말고는 아무것도 가진 게 없는데 말일세!"

하면서 베르테르는 친구 빌헬름에게 편지를 보낸다. 이런 것들이 봄의 백목련을 보면서 말없이 한참 서 있게 하는지 모른다. 그 백목련 꽃망울이 움찔대며 겨울을 나고 있다. 꽃이 피기도 전에 벌써 환하다.

붓 같이 생겨서 목필이라고 한다. 먹을 찍어 젊은 편지를 쓸만하다.

왕벚나무

뒤돌아보지 않고 계절을 앞장서는 나무

왕벚나무 점점이 붉은 단풍 들다

학　명_ *Prunus yedoensis* Matsum.
영문명_ Yoshino Cherry

바싹 말라 가는 계절을 견디다

걷기는 사색이다

허리 펴서 걷는다. 아직 발밑등 명멸한다. 걷는 이들 두런대는 소리. 나뭇잎 툭 하고 손등에 인사한다. 왕벚나무 잎 바싹 말라 간다. 잎을 위로 살짝 만다. 전체적으로 봉긋한 승천의 꼴이다. 왼쪽 다리에서 마비증세로 저리기 시작한다. 아침 걷기가 제대로 안 된 날은 건조하다. 뭘 해도 비어 있는 듯 안절부절못한다. 엉치에 찌릿하며 전기가 온다. 왕벚나무의 원산지는 우리나라의 제주도로 1908년에 학계에 보고 되었다. 왕벚나무는 일본의 국화이다. 일본에서는 기본종이 아닌 많은 교잡종을 육성해서 그 종류와 수량의 세계적 수준을 자랑한다.

잎이 위로 말리고 있는 가을 초입의 왕벚나무 점점이 붉어지기 시작하다.

마루길에서는 뛰지 말자

어떤 이는 마루길에서 뛴다. 눈살 찌프린다. 누가 마루에서 뛰지? 어릴 때 자주 들었던 말이다. 달리기나 자전거는 인도와 자전거길이어야 한다. 굳이 시끄러운 소리 내며 걷는 사색에 위협이어야 할까. 다시 발밑등은 자동으로 꺼졌다. 여명에서 벗어났다고 생각한 것이다. 프로그램 입력은 기계적이다. 조금의 감상도 개입되지 않는다. 왕벚나무는 벚나무 종류 중에서 꽃이 가장 아름답고 화려하다. 이른 봄에 무수히 달린 진분홍색의 봉오리를 맺을 때부터 화려하며 곱다. 고상하고 기품이 아름다운 연분홍색 꽃으로 수관 전체를 뒤덮는다. 그야말로 훌륭하고 장대한 광경을 연출한다. 사람으로 하여금 감동으로 들뜨게 한다. 움찔움찔 어딘가로 떠나고 싶게 한다.

왕벚나무의 꽃은 화사하고 우아한 연분홍색 꽃으로 수관 전체를 뒤덮는 감동을 안겨준다.

왕벚나무의 일상

봄부터 왕벚나무는 기쁨과 들뜸으로 계절을 차지했다. 꽃과 버찌와 신록과 성록, 녹음의 나뭇바람으로 충분했다. 가히 그 자리다웠다. 이제 옷을 새로 챙겨 입는다. 채비를 한다. 겨울을 맞이하고, 겨울을 떠내버릴 채비에 들었다. 꽃이 활짝 핀 후 바람에 날리며 눈처럼 떨어지는 꽃잎도 깊은 정서를 자아내는 흥취가 있어 빼어나다.

봄을 보내야 하는 심정과 맞물려 낙담의 미학에 빠져들게 하는 꽃잎

봄을 보내야 하는 심정과 맞물려
낙담의 미학에 빠져들게 한다
꽃잎 떨어지면 곧바로 버찌가 맺힌다
붉은 색에서 검은색으로 변해가면서 익는
열매의 모습이 보기에 좋은데
떨어지기 시작하면서부터 설설 기는 걷기

바닥에 굴러다닌다고 할 정도로 많이 떨어진다. 발에 밟히는 일은 예사다. 잘 익은 열매는 까만 색을 지녔는데 즙액이 많고 단맛이 있지만 맛만 보고는 더 이상 먹으려 들지 않는다. 한번 입에 대 본 사람은 다시 입에 대지 않는 열매이다. 버찌는 그렇게 일상의 손길에서는 외면받고 있다.

붉은색에서 검은색으로 변해가며 익는 버찌 열매

계절을 순응하는 나무

　자연에서 나무가 계절을 살아가는 건 생명력이다. 그 안에 모든 철리가 담겼다. 어렸을 때, 어른들은 걷는 일도 잘 걸으라 했다, 뛸 때도 조심하라고. 하물며 현대를 사는 주행 본질의 삶에야 더 말할 게 있으랴. 그러니 변화하고 순응하며 계절을 달리 하는 나무에게 많은 것을 배워야 한다. 봄의 화려하고 기품 있는 꽃으로 주목받던 왕벚나무는 이내 버찌의 계절을 만나 밟히는 소리에 질리면서 평범한 일상의 나무로 되돌아간다. 언제 내가 그랬던가 싶게 얌전하고 의젓하게 뜨거운 여름을 이어간다. 이제 가을이 되면서 나무를 더욱 주목하게 된다. 나무에게서 배우는 계절의 순응이 훌륭하고 귀중하다고나 할까. 왕벚나무의 가을철 붉은 단풍은 다른 나무들보다 훨씬 빠르게 진행한다. 다른 나무들보다 추위에 민감한 것이 분명하다. 추위에 대처하는 시스템이 발달되었다고 볼 수 있겠다. 왕벚나무 물들기 시작하면서 가을이 왔음을 절감하게 된다. 이제 단풍이 늦은 나무들도 서서히 가을맞이에 몰입하고 있다.

노랗고 붉은 왕벚나무 단풍의 황홀한 일상

부지불식간에 저장된 기계적 프로그램이 두렵다

왕벚나무 밑을 걷다 보면 알게 된다. 저 늘어진 녹음도 노란색으로 시작하여 붉게 반짝이다 지는 것을 안다. 다들 알면서도 미혹에 빠지는 것이겠지. 발밑등에 저장된 네온사인의 기계적 프로그램이 부지불식간에 두렵다. 살아가면서 지니게 되는 신념이 더러 기계적 프로그램이 되어 있지는 않을까 저어한다. 어떤 신념은 한번 발 들이면 헤어 나올 수 없는 미궁일 것이다. 헤어 나온다는 생각조차 하지 못하면 어쩌겠는가. 왕벚나무는 가로수로 많이 식재되고 있지만 사실 맹아력이 약해 강전정을 꺼리는 나무이다. 공해에 약하니 병충해에 쉽게 노출된다. 병충해를 입으면서 수형이 보기 싫게 변하기도 한다. 그래서인지 왕벚나무는 수명이 길지 않은 편에 속한다.

두루 우주가 협업하여 자연을 이룬다

왕벚나무가 계절을 어찌 알까. 두루 우주가 협업하여 자연스럽게 계절을 만든다. 계통 있고 체계를 세우는 일이니 나무랄 데가 없다. 그러나 자칫 왕벚나무 단풍만으로 가을이라고 말할 수는 없다. 단풍이 만들어 내는 가을을 왕벚나무 하나로 설명하는 것을 경계한다. 두루 적합한 생각과 상상력은 한 마디로 집어 내거나 똑같은 방향으로 끌어 내는 일은 아닐 것이다. 사고의 다양성과 지향의 차이를 왕벚나무 가로수길을 걸으면서 확장한다. 주말 아침 산책이 그래서 황홀하다. 꽃 피는 시기가 왕벚나무보다 조금 늦은 나무로 산벚나무가 있다. 거의 잎이 나올 때 같이 꽃이 핀다. 왕벚나무와 비슷하지만 산벚나무의 수피는 검은 밤색으로 진한 색감을 지녔다.

함박꽃나무

청초하게 함박 웃는 모습을 닮아 있는 나무

많은 줄기가 나와서 포기로 자라기 때문에 큰 나무 밑에 식재하여도 좋다.

학 명_ *Magnolia sieboldii* K.Koch
영문명_ Oyama Magnolia

목란이라 부르는 북한의 국화

나무에서 피는 난, 목란木蘭 그리고 함박꽃나무

무궁화가 한창인 계절은 학교 방학과 겹친다. 아쉽게도 학교 무궁화 동산에 활짝 핀 꽃을 학생들은 제대로 못 본다. 참 좋은 꽃이다. 우리나라의 국화는 무궁화다. 북한의 국화는 목란이다. 북한에서 만든 『한국약용식물사전』에는 "목란은 꽃이 아름답고 향기도 그윽하여 관상용 식물로 널리 재배할 뿐 아니라 꽃과 잎은 약재로 널리 쓰이는 우리 나라 국화이다."라고 했다. 나무 이름인 목란木蘭은 '나무에서 피는 난'이라는 뜻이다. 목란을 흔히 모란이라고 하는 식물의 한자명과 혼동하여 사용하면 안된다. 모란은 목단牧丹이다. 난은 동양의 내로라하는 시인 묵객, 선비, 관료, 명망이 높은 지위일수록 가타부타 평을 하고 글을 짓고 하였던 식물이다. 동경과 가치 규범으로 여길 정도다. 1991년 북한의 국화로 공식 지정하고 각종 훈장과 천장과 벽, 탑신 받침대 등에 목란꽃 무늬를 새겨서 사용한다고 한다.

함박꽃나무 군락지는 현실세계다. 이런 곳에서 머물며 서성대는 일은 즐겁다.

환상세계인 곤륜에 서식하는 목란

사실 중국에서도 이 나무는 목란이라고 부르고 있다. 이백의 시에, "목란木蘭의 돛대에 사당沙棠의 배[木蘭之枻沙棠舟]"라고 하였다. 예枻는 배 옆의 판으로 노를 말한다. 이수광의 『지봉유설』에는, "춘추시대 노나라의 뛰어난 기술자였던 반(노반魯班)이 목란으로 배를 만들었다"고 한 것이 이것이다. 사당은 《술이기述異記》에, "한나라 성제成帝와 조비연趙飛燕이 장안의 태액지에서 놀 때, 사당나무로 된 배를 띄웠다. 그 나무는 곤륜산에서 나오며, 열매를 먹으면 물에 들어가도 빠지지 않는다고 한다."고 했다. 곤륜은 중국 상상세계의 중심 공간이다. 사당은 곤륜의 동쪽에 서식하는 나무이다. 나무의 생김은 아가위나무 같은데 꽃은 노랗고 붉은 열매가 맺혔다. 열매는 오얏과 같이 달콤새콤한 맛이고 씨가 없었다. 이 나무는 물을 막을 수 있는 신기한 재질로 알려져 있다. 목란은 오늘날 함박꽃나무이나 사당은 다의적으로 적용되어 꼭 집어서 나무를 제시할 수 없다.

함박꽃나무는 주먹만한 크기의 꽃이 수줍은 듯 대지를 향하여 꽃이 펼쳐진다.

『중국 환상 세계』에서는 곤륜의 공간구조를 『회남자』의 서술에 입각하여 소개하고 있다. 그 내용을 보면 서쪽에 주수, 옥수, 선수, 불사수가 서식하고 있고, 동쪽에 사당, 낭간이 있다. 남쪽으로 강수, 북쪽으로 벽수, 요수가 서식하고 있다고 했다. 9종류의 나무가 상상으로 소개되고 있는데, 대개 '옥' 구슬과 관련되어 지어진 이름이다. 구슬같은 열매가 열린다는 것이고 귀한 옥처럼 보통 이상의 대우를 이름에 부여하고 있다. 그 내용을 보면 다음과 같다.

> 곤륜 안에는 구중九重의 성이 우뚝 솟아 있다. 높이는 1만1천 리 114보 2척 6자 (4,455,154,485미터)나 된다. 그 위 서쪽으로는 주수珠樹, 옥수玉樹, 선수琁樹, 불사수不死樹, 동으로는 사당沙棠, 낭간琅玕, 남으로 강수絳樹, 북으로 벽수碧樹, 요수瑤樹가 서식하고 있다. 성벽 주위에는 1,620미터마다 폭이 3미터나 되는 문이 440개나 있다. 이 문 옆에는 아홉 개의 샘이 있으며 죽지 않는 약을 만들기 위한 옥그릇이 놓여져 있다.
> 곤륜 안에는 현포縣圃, 양풍諒風, 번동樊桐 등 세 개의 산이 있으며 이 산에는 황수黃水라는 강이 흐르고 있다. 황수는 산을 세 번 돌아 원래의 곳으로 돌아온다. 이것을 단수丹水라고 하며, 이 물을 마시면 죽지 않는다.
> 곤륜의 언덕을 오르는 것만으로 선인이 될 수 있다. 곤륜의 언덕보다 배나 높은 곳에 양풍지산諒風之山이 있고 이 산을 올라가면 죽지 않는다. 그 위로 배나 더 높은 곳에 현포가 있으며, 이곳을 올라가면 바람과 비를 자유로이 다룰 수 있는 신통력을 지니게 된다. 그 위로 또 배나 높은 곳에 천제가 사는 상천上天이 있는데, 이곳까지 올라오면 신이 된다. 위에 나열한 위치의 높이를 하나에 1만 리(4,050킬로미터)라고 한다면 천계까지의 높이는 4만 리(16,200킬로미터)가 된다. [네이버 지식백과] 곤륜 [崑崙] (중국환상세계, 초판 1쇄 2000., 7쇄 2007., 도서출판 들녘)

목련 중 가장 늦게 꽃이 피고 지는 함박꽃나무

꽃이 핀 모양이 함박 웃는 모습이어 함박꽃나무로 이름 부르는 이 나무는 목련과의 가족이다. 목련의 꽃은 4월부터 보게 되는 데, 백목련, 목련, 자목련, 일본목련, 함박꽃나무의 순서로 꽃이 핀다. 구분하면 잎이 나기 전 꽃 피는 것으로 백목련, 목련, 자목련 등이 있고, 잎이 난 다음 꽃 피는 것은 일본목련과 함박꽃나무가 있다. 일본목련은 꽃이 크고 하늘 방향으로 꽃을 펼친다. 함박꽃나무는 주먹만한 크기의 꽃이 수줍은 듯 대지를 향하여 꽃이 펼쳐진다. 함박꽃나무의 향기는 아래를 향하여 은은하게 펴지기 때문에 사람들과 손쉽게 친해진다. 꽃과 향기가 관상수로서의 가치를 높인다. 함박꽃나무는 함백이꽃, 힌뛰함박꽃, 얼룩함박꽃나무, 산목련, 목란, 천녀화, 천녀목란天女木蘭이라고도 한다. 꽃이 함박 핀다고 함박꽃나무이며 지방에 따라 천녀화라고도 한다. 『중국 본초 도감』에서는 천녀목란이라는 생약명으로 소개하고 있다. 꽃, 뿌리, 나무껍질 등을 건위제나 구충제로 다양하게 이용하는데, 꽃봉오리는 통풍이 잘되는 그늘지는 장소에 말려서 잘 선별하여 사용한다.

함박꽃나무의 줄기는 오래되면 고사하고 다시 새 줄기가 굵어지는 일을 반복한다.

볼 때마다 외면하는 듯 무심한 자태

함박꽃나무는 높은 곳의 산에서 횡재처럼 마주친다. "아, 이게 뭐지" 하면서 향기에 취하고 꽃에 아뜩하며 맞이한다. 주로 골짜기 근처에서 눈 씻고 만날 수 있다. 골짜기 근처는 배수가 잘되고 비옥도가 좋다. 산 정상 근처까지 힘들게 올라가 맑고 청량한 향기를 맡을 수 있다면 꽤 괜찮은 구도 아니겠는가. 그 정도는 예정되어 있어야 살만한 세상이라 할 수 있다. 거기다가 함박꽃나무는 순결하다. 청초함이 너무 좋아 내가 사는 근처에 심고 싶어도 순결 무구함이 도시에 적응하지 못해 번잡한 도시의 조경수로 맞지 않는다. 함박꽃나무는 깊은 산 중턱 골짜기에서 그 숨겨진 미모를 살짝 드러낸다. 볼테면 보라는 듯 먼 곳을 응시한다. 그래서 함박꽃나무에서는 세상의 한가닥 한다는 미인들의 전유물인 백치미가 내장되어 있다. 볼 때마다 외면하는 듯 무심한 자태다. 함박꽃나무가 모여 사는 곳에 가본 적이 있는가. 복 받는거다. 그곳에 발을 디딜 수 있다는 것은. 지구에 환상세계가 수없이 많겠지만, 함박꽃나무 군락지는 현실세계다. 신선이 있다면 이런 곳에서 머물 것이다. 그래서 목련 가족 나무이면서도 목련이라는 이름을 쓰지 않는 것이다. 함박 웃어 주면 막혔던 일조차 풀려나가니 나무에서 피는 연꽃으로 행세하지 않아도 될 일이다.

햇가지는 푸르다가 점차 노란 갈색이 되며 누운 잔털이 있다가 없어진다.

검지 손가락 하나에서 둘 길이의 잎

잎은 길이가 검지 손가락 하나에서 둘 길이이고 너비는 검지 손가락 하나 정도이며 가지에 어긋나게 달리는 호생이다. 잎의 윗부분은 둔하자면 끝은 뾰족하다. 잎의 아랫부분은 둥근 밑바닥을 이룬다. 잎 모양은 넓은 타원형, 뒤집힌 계란 모양인 도란형 또는 도란상 긴 타원형이며 잎 가장자리는 매끈하다. 잎을 만져보면 가죽처럼 질긴 혁질이다. 잎의 앞면에는 털이 없고 뒷면은 잿빛 도는 녹색으로 회녹색이라 부를 수 있으며 잎맥 주변으로 자잘한 털이 있다. 잎자루는 손가락 한 마디 길이로 어릴 때 털이 있다가 점차 사라진다. 가을에 노랗게 물든다.

함박꽃나무의 노란 단풍이 지상에 널브러져 있는 그 위로 은행 알이 포개진다. 사람의 발길이 닿지 않는 숲이다.

묵을수록 밝은 회색이 되며 청회색 얼룩이 생긴다

햇가지는 푸르다가 점차 노란 갈색이 되며 누운 잔털이 있다가 없어진다. 묵으면 짙은 갈색이 된다. 가지의 단면을 잘라보면 골속은 백색이다. 줄기의 속을 보면, 가장자리는 밝은 노란 갈색을 띠고 안쪽에는 흰 갈색의 넓은 심이 있다. 한가운데에는 검은색의 작고 무른 속심이 있으며 썩으면서 검은 물이 나와 번진다. 줄기는 묵을수록 밝은 회색이 되고 청회색 얼룩이 생긴다. 줄기가 밋밋한 편이며 껍질눈이라 부르는 피목이 있다. 원줄기와 함께 옆에서 많은 줄기가 올라와 자연스럽게 우산 모양으로 무리지어 수형을 만든다. 겨울눈은 끝이 길게 뾰족하거나 조금 뭉툭한 긴 원뿔 모양이며 검은 갈색을 띤다.

줄기는 묵을수록 밝은 회색이 되고 청회색 얼룩이 생긴다.

목련 꽃차의 향과 차맛을 즐기는 한 계절의 풍미

함박꽃나무의 꽃은 줄기와 잎이 나온 후에, 잎 달린 자리에 순백으로 하얗게 이슬머금은 듯 살포시 피어난다. 주먹만한 꽃이 아래를 향해 피어난다. 아름답고 향기가 좋다. 꽃에 연한 노란색 암술과 붉은빛이 도는 자주색 수술이 함께 한다. 꽃잎은 6~9장이다. 꽃받침잎은 5갈래이며 녹색을 띤다. 보통 목련류의 꽃에는 시트랄과 시네올 등의 많은 방향성 정유성분을 함유하고 있어 건위작용을 비롯하여 두통과 비염을 다스리는 약으로 알려져 있다. 목련 꽃차 역시 완전히 피었을 때보다 반 정도 벌어진 꽃봉오리를 전기 패널이나 온돌 등에 건조하였다가 우리면 그 향과 차맛으로 한 계절의 풍미를 충분히 즐길 수 있다.

함박꽃나무의 겨울눈은 사람의 눈높이에 닿아 있는 게 많아 조심스럽다.

기쁜 일은 원치 않는데에서 찾아올 수 있다

열매는 손가락 두 마디 길이의 울룩불룩한 타원형으로 검붉은색으로 여문다. 익으면 열매껍질이 벌어져 주황색 씨앗들이 흰 줄에 매달려 나온다. 씨앗은 타원형이다. 금년 8월에는 뜨겁고 비가 자주 왔다. 그랬더니 함박꽃나무의 꽃이 지면서 열매가 맺혀가는데, 다시 한쪽 가지에서 꽃망울이 잡히더니 꽃이 핀다. 자목련도 그렇다. 한쪽은 열매가 익어가는데, 다시 한쪽 가지에서는 꽃망울이 잡히고 꽃을 기어코 피우고 만다. 나무로서는 여간 곤혹스러운 일이 아닐 것이다. 몇 배의 공력이 꽃을 피우는 데 동원되는데, 이상 기후로 인하여 자기 스스로 통제가 되지 않는 꽃 피우기는 분명 기쁜 일만은 아닐 것이다.

기쁜 일은 내가 만들어 오기도 하지만
원치 않는 데에서 찾아올 수도 있다
기쁜 일도 슬픈 일도 적당히 균형 잡혀야 한다
세상을 둘러보면 참으로 고마운 것 투성이다
우주에 잠시 몸을 빌려 빚만 지고 있다
해마다 꽃을 피우는
함박꽃나무에게도 큰 빚을 지고 있는거다

3

"시원한 바람, 흔쾌한 몸짓"

귀룽나무 / 느티나무 / 말채나무 / 미루나무 /
잘피나무 / 층층나무 / 백합나무 / 황벽나무 / 회화나무

학교 기숙사 앞에 심어진 나무이기에
기숙사에서 생활하는 학생들의 가을은
새들이 지저귀는 소리에 또 한번 행복할 것이다
이때 열매를 채취하여 정선하고
바로 파종하거나
노천매장하였다가 이듬해 봄에 파종하면
나무를 번식시킬 수 있다
올해는 말채나무 열매를 채취하여
말채나무 묘목을 생산할 수 있도록
마음에 점 하나 찍는다

귀룽나무
5월에 삿자리를 깔고 봄날의 소풍을 즐기는 나무

나무껍질은 흑갈색이고 껍질눈이 있으며 오래될수록 세로로 가늘게 갈라진다.

학　명_ *Prunus padus* L.
영문명_ Bird Cherry, European Bird Cherry, Hagberry

늘어진 가지마다 참한 꽃이

귀룽나무의 꽃은 잔치를 하듯 푸짐하고 환하다

나무들 아직 스산하여 쓸쓸한 가지만 내놓고 있다. 오직 귀룽나무만 봄이 친하다. 다들 앙상한 가지로 겨울을 그지없이 털어놓지 못할 때 귀룽나무는 싹을 전개한다. 그리하여 삭막하기만 한 풍경에 색감을 안겨 준다. 아직 꽃은 이르지만 새싹이 내는 연푸름은 사람을 어루만지기에 넉넉하다. 귀신 쫓는 나무라고 잔가지를 회초리로 만들어 귀신 들린 사람을 때리면 귀신이 물러간 다고 할 만큼 잔가지가 늘어지며 부드럽고 연하다.

《양주별산대놀이》에서 취발이의 복식은 "등에 학을 그린 청창의를 입고 붉은 띠, 푸른 행전에 귀룽나무 생가지를 들고 있다. 쇠뚝이로 나올 때는 곤장을 들고 있다."고 했다. 청창의는 벼슬아치가 평상시에 입던 소매가 넓고 뒤 솔기가 갈라져 있는 푸른 색 웃옷을 말한다. 행전은 각반으로 바지를 입을 때 정강이에 감아 무릎 아래 매는 것이다. 반듯한 헝겊으로 소맷부리처럼 만들고 위쪽에 끈을 두 개 달아서 동여맨다. 이때 취발이의 손에 들려 있는 것이 귀룽나무 가지이다. 취발이는 귀룽나무 가지로 땅을 쳐서 노장을 물리친다. 그런 후에 남아 있는 소무를 유혹하여 살림을 차린다.

귀룽나무는 다른 나무와 달리 잎이 어느 정도 나온 다음 꽃이 핀다. 잎이 짙어갈 즈음 나무를 감추면서 하얀 꽃이 눈처럼 매달려 있다. 나무를 온통 순백으로 덮어 씌운다. 달콤하고 진한 향기를 발산한다. 그야말로 꽃이 구름처럼 난만하다. 그래서 북한에서는 귀룽나무를 구름나무라 부른다. 흰구름과 같이 희고 순결한 꽃이 가지가 휘어질 듯 가득 달리기 때문이다.

꽃으로 유명한 나무들이 대부분 잎이 나오기 전에 꽃부터 활짝 핀다. 피고 나서 온갖 너스레를 다 떨고 꽃잎을 떨어뜨린다. 그런 후에야 잎을 틔운다. 귀룽나무는 잎이 먼저 나온 후 꽃이 핀다는 것이 다르다. 잎이 나온 후 꽃이 피는 나무들의 꽃은 크게 관심받지 못함에도 귀룽나무의 꽃은 마치 잔치를 하듯 푸짐하고 환하다.

여주농업경영전문학교 운동장 건너편에는 귀룽나무가 5월을 수놓는다.

꽃이 활짝 피는 5월에 삿자리를 깔고 봄날의 소풍을

나무의 윗부분에서 줄기가 올라와 전체적으로 둥근 공 모양의 커다란 수형을 만든다. 원정형 수형이라고 한다. 어린가지는 자갈색으로 가지를 꺾으면 고무 탄 것 같은 고약한 냄새가 나는 방향식물이다. 파리가 이 냄새를 싫어해서 파리 쫓는 데 이용되었다고 한다. 파리를 쫓아내는 게 아니라, 파리가 피해 다니는 것이니 꽃이 활짝 피는 5월에 삿자리를 깔고 그곳에 앉아 귀룽나무 가지를 꺾어 두르고 봄날의 소풍을 즐길 만하다.

『남북한 말 비교 사전』에 삿자리는 남한에서 갈대로 엮은 자리라고 하고, 북한에서는 갈대나 구름나무(귀룽나무) 껍질 같은 것으로 결어서 만든 자리라고 했다. 그래서 북한에서는 귀룽나무의 속껍질로 결은 삿자리를 '구름자리 또는 귀룽자리'라고 한다.

귀룽나무는 대단한 위용을 지닌 큰 몸집을 자랑한다.

운동장 가장자리에 귀룽나무가 있다
대단한 위세의 큰 몸집을 가졌다
이 나무가 꽃을 피울 때
여주농업경영전문학교 현관에서 넋을 잃고 바라보곤 했다
운동장을 가로지르는 그 정도 거리에서야
귀룽나무의 위엄이 제대로 읽힌다
저절로 발길이 운동장 가로질러 바싹 들어서게 한다
다가가선 괜히 쳐다보고 서성거리면서 즐긴다

예전 이곳은 수목 식별을 공부하는 학교의 수목원으로 이용되던 곳이다. 이제는 나무들이 모두 커서 도태된 나무들 속에 우세한 나무들이 숲을 이룬다. 학교 체육대회에 학과별로 자리 잡고 응원하는 장소로 매년 쓸모 있게 사용하는 공간이 되었다.

빠르게 경관을 짜임새 있게 만들고 그늘을 이용할 수 있다.

융건능에는 작은 물길 건너 평탄한 습지가 있다. 여기에 귀룽나무숲이 전개된다. 잎이 무성할 정도로 나왔을 때 이미 꽃송이를 매달아 아래로 쳐진다. 작은 꽃들이 모여 꼬리 모양으로 길게 달린다. 화려하지는 않지만 나무 가득 주렁주렁 푸짐하다. 나무 전체가 뭉실뭉실 피어나는 꽃송이다. 다만, 너무 빨리 자라는 속성 나무이기에 작은 집안에 심는 것은 삼가야 할 것이다. 벚나무의 종류로는 가장 생장이 빨라 단시일에 경관을 짜임새 있게 만들고 그늘을 이용할 수 있다. 고온 건조하고 척박한 곳에는 식재를 피하는 것이 좋다. 귀룽나무 관상의 포인트는 전정을 하지 않고 자연형으로 늘어지는 가지의 유연함에 있다. 수피는 흑갈색이고 세로로 갈라지며 매우 크게 자란다.

구황식물로 입맛을 내게 하는 쓴맛

우리나라에서 귀룽나무의 식용성이나 구황성이 기술된 것은 『조선의 구황식물과 식용법』이다. 새싹 잎은 이른 봄에 데쳐서 나물로 먹으며, 열매는 숙기에 날로 먹는다. 새싹 잎은 어떻게 해도 쓴맛이 강하다. 잘 삶아서 충분히 물에 불리면 가능한 대로 쓴 정도를 완화할 수 있다. 이것을 기름에 둘러 삶으면 다소라도 쓴맛을 거두게 되고 다소 쓴맛이 오히려 입맛을 자극하여 식욕을 돋우게 된다. 꽃이삭, 열매 및 새 잎의 소금절이, 햇나물의 구황 및 식용적 가치가 있다. 우리네 선조들은 이를 즐겨 먹었다.

꽃은 5월에 피고 열매는 7월에 까맣게 익는다.

　꽃은 5월에 피고 열매는 7월에 까맣게 반짝이며 익는다. 까만색 익은 열매는 버찌와 유사하다. 이 나무의 열매로 술을 담가 먹기도 한다.『중국본초도감』에서는 귀룽나무의 열매를 '취리자臭李子'라 하고, 안덕균의『한국본초도감』에서는 '앵액櫻額'이라 한다. "비위脾胃 기능을 강화시켜 설사를 그치게 하고 소화력을 높인다."고 하였다. 구룡목九龍木은 귀룽나무의 가지를 말하는데, 몸에 풍이나 습한 기운이 침범하여 몸이 쑤시고 아픈 증상, 허리 통증, 관절통, 척추 질환, 설사를 치료한다.

귀룽나무는 공공 장소의 조경수로 훌륭하다

귀룽나무는 관상가치가 높다. 햇빛을 좋아하지만 내음성도 있고 추위에 강한 수종이다. 맹아력도 강하다. 꽃이 필 때는 나무 전체가 꽃으로 뒤덮이므로 공원이나 학교의 조경수로 쓸모가 뛰어나다. 열매가 많아 야생 조류의 서식 환경 조성에도 유효한 나무이다. 수형이 웅장하면서 단정하니 그늘을 만들어 주는 녹음수로 적당하다. 초봄에 가장 일찍 잎을 내는 수종으로 연녹색의 새로 나온 가지가 특징이며, 가을철 붉은 단풍도 매력이다. 야외 정자 근처 등에 심어 꽃과 그늘을 함께 즐길 수 있다. 예전부터 궁궐이나 마을 어귀, 사찰 주변의 습윤하고 비옥한 사질 토양에 많이 심었다. 공공장소의 넓직한 공간을 활용하는 조경수로 적합한 조건을 갖추었다.

느티나무
함께 만나 서로의 염원을 담고 동반자가 되는 나무

여주자영농업고등학교 광장에 식재한 느티나무는 학생들이 쉼터로 이용하고 있다.

학　명_ *Zelkova serrata* (Thunb.) Makino
영문명_ Japanese Zelkova, Saw-leaf Zelkova

느티나무, 어디서 보았을까

느티나무에는 쥐의 귀 같은 꽃잎이 떨어지고

『동국이상국후집 제 2권』에 느티나무 꽃잎의 모양을 '쥐의 귀' 같다고 하였다. 쥐의 귀 같은 꽃잎이 떨어진다는 것이다. 이 고율시에는 느티나무 꽃의 모양에 대한 표현을 비롯하여 뽕나무로 물들인 옷을 입었다는 말이 나온다. 서리 내린 후에 고상한 격으로 피는 국화를 칭송하고, 이슬 내려 꺾인 갈대의 치렁치렁한 모습을 노래했다.

황(黃)을 읊다

산뽕나무 물들인 옷 사당에 제사할 때 입고 / 柘衣親廟瓉
주머니 속엔 보배로운 경전 들었네 / 囊寶祕神經
예의(禮衣) 입은 선비들 대각(臺閣)에 가득하고 / 禮士臺中滿
금정(金鼎)에 음식 다루듯 나라 일 다스리네 / 調元鼎上形
국화는 서리 내린 새벽 언덕에 피었고 / 菊開霜曉岸
갈대는 이슬 내린 물가에 꺾여져 있네 / 葦折露秋汀
벼 이삭 끝엔 새우 수염처럼 털 달렸고 / 稻穗蝦鬚亂
느티나무엔 쥐의 귀 같은 꽃잎이 떨어진다 / 槐英鼠耳零
흐린 황하(黃河)는 은하수에 기운 통하고 / 濁河通上漢
광도는 밝은 별들을 재는 기준이 되네 / 光道度明星
(……)

「고율시(古律詩)」《이 시랑이 또 전의 운으로 황·홍·청 삼색을 읊어 보내온 것에 차운하다》

느티나무의 꽃을 만나기는 쉽지 않다. 잎에 가려 주마간산으로는 볼 수 없다. 암수한그루이고 새 가지에 황록색 꽃이 핀다. 암꽃은 위로 수꽃은 아래를 향한다. 그래야 수분에 유리하다. 암꽃은 가지 위쪽에 1개씩 피는데, 자루가 없고 암술대가 두 갈래로 깊게 갈라진다. 암술대의 씨방에는 털이 있으니 갈라진 2개의 암술대를 '쥐의 귀' 모양으로 본 것이다. 옛 사람의 세밀한 관찰력에 놀랍다. 하물며 인지가 발달한 시대를 사는 내 모습은 실망이다. 느티나무 꽃에서 '쥐의 귀' 모양을 떠올리지 못하였으니 안타까운 일이다. 그렇다고 다른 모양을 본 것도 아니잖는가. 딱한 노릇이다.

동국이상국집에 '느티나무엔 쥐의 귀 같은 꽃잎이 떨어진다'고 한 것은 암꽃의 갈라진 2개의 암술대를 말한다.

성목이 되어서야 고르게 울창하여 단정해지는 나무

느티나무의 이름에 대하여 '늦게 티가 나는 나무'라서 느티나무라고 말하는 사람이 있다. 그럴싸한 어원이다. 느티나무 씨앗을 빗자루로 쓸어 모아 노천매장 한 후, 봄에 파종하여 묘목을 길러 보았다. 씨앗 자체도 쭉정이가 많았지만, 묘목을 기르는 묘포장에서 볼품없이 자라는 것을 보고 언제 나무다워질까 하며 수시로 밭을 들락거렸다.

어린 나무일 때는 줄기도 비스듬히 자란다. 그러던 것이 성목이 되어 제자리에 뿌리를 꽂으면 달라지는 모습이 쑥쑥 보인다. 가지가 사방으로 고르게 뻗어 수관이 울창해진다. 성목의 단정함을 만날 때쯤, 그제서야 본때를 보여주는 나무가 틀림없다.

느티나무의 학명은 젤코바 세라타 Zelkova serrata이다. 식물학자 마키노가 붙인 학명이다. 종소명 세라타는 '톱니가 있는'을 뜻한다. 느티나무의 잎 가장자리를 자세히 보면 종소명과 특징이 일치함을 알 수 있다. 잎가장자리에 시원스런 크기의 규칙적인 톱니가 있고, 잎끝은 길게 뾰족하다. 그래서 느티나무의 영명은 Sawleaf Zelkova이다.

잎은 어긋나게 달리며 긴타원형이지만 변이가 심한 편이다. 가장자리에 규칙적인 톱니가 있고 잎끝이 뾰족하다. 앞면과 뒷면의 맥 위에 털이 촘촘하게 나있다.

진입 공간에 느티나무 숲이 있다

용주사를 다녀왔다. 바깥 입구에서부터 느티나무가 숲을 이루고 있다. 한여름의 입구에서 고개 들어 느티나무숲을 보는 것만으로 시원한 느낌이 들어 기분이 상쾌해진다. 일주문을 들어서자마자 느티나무 숲이어서 속세의 많은 생각들이 숲의 기운에 이끌려 저절로 맑아지는 것 같다.

진입 공간을 가로질러 숲이 마련되어 있는 사찰은 용주사에서 처음 본다. 대개는 일주문을 지나 가장자리로 가로수가 심겨져 있다. 어쩌면 이곳은 느티나무를 의도적으로 심고 가꾸었던 곳이 아닐까. 생각이 다른 쪽으로 흐를 정도로 진입 공간에 개체수가 많다. 매표소 입구에도 두 그루의 느티나무가 어깨를 나란히 하며 반긴다. 천연기념물로 지정되어 보호받는 나무 중에 느티나무가 가장 많은데, 그중에 1,000년 이상 나이를 먹은 느티나무만 64그루나 된다고 한다.

느티나무는 목재도 최고로 친다. 결이 만들어 내는 무늬와 색상이 아름답다. 단단하면서도 뒤틀리지 않는다.

느티나무 숲 속으로 이끌리는 용주사 일주문

많은 사람들의 염원을 담고 있는 나무를 대한다는 것은

용주사에만 느티나무가 있는 게 아니다. 융건릉을 오가는 길 양 옆 가로수가 느티나무이다. 보기 드물게 명품 가로수다. 공사를 하느라 여기저기 나무가 시들어가는 것들이 곳곳에 끼어 민망하다.

융건릉을 오가는 길 가로수는 명품이다
이 나무를 심은 사람은 예지자이다
이렇게 느티나무가 우람하게 자라다니
터널을 이루며 관개 경관을 선사하고 있다
우리나라에 이처럼 멋진 길이 얼마나 또 있을까
조금만 다듬고 관리 계획을 바로 세우면
기막힌 공간으로 거듭 태어날 만한 곳이다
자랑스럽고 멋진 걷기 문화 명소로
이름을 오래도록 남길 수 있을 만한 곳이다

새로운 일에 예산을 사용하는 것이 오래되어 삭힌 유형과 무형의 보물을 해치는 공사라면 곤란하다. 어떤 예산으로도 만들어 낼 수 없는 저렇게 시원하고 멋진 공간을 돕고 보완하여 복원하는 일은 아득히 멀기만 한 것인가. 서운하고 아쉽기만 하다. 죽어가는 나무에 대하여 아무런 조치도 하지 않고 있다는 것은 이 길이 이제는 소용가치를 상실했다는 말인가. 나무들이 살아온 세월과 이곳을 지나다니던 사람들의 문화도 함께 없어지고 마는 것인데.

좋은 자원이자 재산을 토목공사를 하면서 줄기가 까지고 나무가 고사하는 지경으로 내모는 몰지각함이 아쉽다.

시원한 바람, 흔쾌한 몸짓

느티나무, 어디서 보았을까

실제로 느티나무는 동네 어귀나 들 가운데 큰 정자나무로 눈에 띈다. 고갯마루에도 느티나무이다. 수원에 정조대왕이 능행차할 때 가장 더디게 움직이는 곳이 '지지대고개'라고 한다. 지지대고개에서 의왕 방향으로 내려가는 가로수의 느티나무 식재는 그래서인지 참 볼 만하다. 느티나무는 우리나라 어디서나 볼 수 있는 정자나무이다. 지금은 도심에서도 쉽게 만난다. 도시에의 적응력이 대단히 높은 나무이다.

느티나무는 봄에 새잎이 나올 때의 색감 때문에 자지러진다. 그 아름다움에 넋을 놓는다. 지지대고개에서 의왕 쪽 방향의 느티나무를 해마다 다양한 시선으로 쳐다 본다. 가을의 붉은 단풍과 노란 단풍이 섞여서 승용차로 지날 때 눈을 떼지 못하고 보게 된다. 봄 새잎이 나오기 전에 새눈이 붉은 것은 붉은 단풍이 들고, 새눈이 푸른 것의 단풍 색깔은 노란색이 된다. 붉은 단풍에 안토시아닌 색소가 관여하고, 노란 단풍에는 카로티노이드 색소가 관여한다.

누런 단풍이 든다 해서 '눈(黃)+홰나무(槐)'에서 느티나무라는 이름까지 왔다고도 한다.
노랗고 붉은 느티나무의 단풍

사찰 조경은 누구의 발원이고 행걸일까

내친김에 용주사 일주문 앞 주차장 공간을 비롯한 사찰 외부 영역의 번잡한 식재 패턴에 대하여 생각을 정리한다. 용주사에는 향나무와 옥향나무, 쥐똥나무, 무궁화, 담쟁이덩굴 등이 식재되어 있다.

향나무는 제사를 모셔야 하는 사당, 사찰 등에 식재하는 것이 전통적인 식재 방법이다. 그러나 배식에 있어서는 어느 정도 일정한 질서와 의미를 부여하여 신중하게 결정해야 한다. 일주문 바깥에는 산옥형으로 전정하여 외과수술을 한 향나무와 함께 둥글게 조형한 향나무들이 일정 크기의 면적을 차지하며 자리를 틀고 앉아 있다. 그리고 그 주변에 전정한 쥐똥나무 산울타리가 길을 유도하며 식재되었다. 그런데, 아무리 따뜻하게 바라보려 해도 번잡하고 어수선하다. 일단 둥근 향나무를 빼내야 한다.

전통 사찰 앞 향나무를 오래되었다고 보존하는 것까지는 괜찮겠지만, 수형에 손을 대어 산옥형으로 조형하는 것은 사찰에 대한 첫인상으로 바람직하지 않다.

사람의 보는 즐거움과 나무의 멋지게 살고자 하는 생존권

산옥형 향나무는 그 경과를 지켜 보아야 하겠지만 지금 세력이 무척 약하다. 한국전통조경 또는 선조들은 나무를 어떤 실용적인 용도 외에, 관상을 위하여 전정하는 일을 지극히 멀리하는 자연관을 가졌다.

사람의 심미적 용도를 위하여 멀쩡한 나무를 자르고 하는 일은 그래서 없었다. 지금처럼 전정하는 문화는 일제가 이 나라에 남겨 놓은 유산이고, 유행에 일희일비하는 시대의 산물이다. 가능하면 쥐똥나무는 전정을 하지 않고 자연 그대로 크게 두면 싶다. 6월 내내 쥐똥나무의 꽃향기가 진동을 할 것이다. 대신 폭이 넓혀지지 않도록 적절하게 관리하면 된다. 무엇보다 급한 것은 사찰을 바라보았을 때 일주문 왼쪽의 기와 울타리 밑 옥향나무이다.

기와를 올린 전통 담장 앞의 가드닝방식이 왜식이다. 옥향은 오래되어 중앙 곳곳이 파지고 갈라지고 있다. 전통 조경 식재 방식으로 재조성하는 것이 좋겠다.

옥향 대신 말채나무를 식재하여 전통 공간의 위의를 세운다

옥향나무는 한국의 전통 공간에 식재하지 않는 수종이다. 일본인들이 좋아했고, 그래서 많이 식재되었지만 과거에는 옥향나무를 전통 공간에 식재한 적이 없다.

현재 용주사 옥향나무는 수명이 다했다고 보면 된다. 가운데가 갈라지고 휑하니 비어 가고 있다. 대체 식재가 필요하다. 옥향이 심겨진 화단은 활착율을 높일 수 있는 적당히 작은 규격의 말채나무 식재를 권한다. 활착율을 높인다. 말채나무는 생장속도가 매우 느린 편이기에 현재의 화단 크기이면 식재할 수 있다. 갑사 가는 길의 말채나무 군락지의 이야기에 주목한다. 절에 오는 말이 꼼짝 않고 움직이지 않으며 말을 듣지 않을 때, 말채나무 가지로 살짝 치니 그제야 주인을 따라 움직였다는 이야기다. 예부터 사찰 입구에 말채나무를 식재한 것을 되살리는 의미이다.

느티나무 그 위대한 여정

국립산림과학원에서 전국 114개소의 사찰과 향교, 사당 등 목재건축문화재 기둥 1009점의 재료를 조사하였다. 기둥에서 떨어져 나온 성냥개비 크기의 시료를 수집하여 현미경으로 관찰하는 방법으로 목재의 종류를 알아낸 것이다. 조사한 시료에서 고려시대 건축물의 55%, 조선시대 건축물의 21%가 느티나무로 지어졌음이 밝혀졌다.

부석사 무량수전의 고풍스러운 분위기는 느티나무 기둥재에서 나오는 것이라고 한다. 수덕사 대웅전, 해인사 장경판전, 진주 향교 등이 느티나무 기둥재이다. 이런 느티나무를 21세기가 시작되면서 새천년 상징 '밀레니엄 나무'로 선정한 것은 우리나라이다. 느티나무는 마을 어귀의 정자나무 또는 신목으로 신성시한 나무이다. 여름의 무성한 잎과 넓게 퍼지는 줄기와 가지는 사람을 끌어안기에 매우 적합한 조건을 가졌다. 삼국시대나 고려시대에는 느티나무가 소나무보다 더 높은 상급으로 궁궐이나 중요한 목조건물에 이용되었다. 내구성이 소나무보다 더 좋다는 게 전문가들의 평가다. "건물 기둥을 소나무로 만들면 100년을 버티지만, 느티나무로 만들면 300년을 버틸 수 있다."고 말한다.

그럼에도 불타버린 숭례문 기둥에 소나무를 사용하였다. 그것은 조선시대에 느티나무가 귀했다는 이야기다. 고려 말 몽골의 침입과 혼란 속에서 새로 축대벽을 쌓거나 새 건물을 짓기 위해 울창한 숲 속의 곧고 기다란 형태의 느티나무를 최대한 이용하였다. 조선 왕조는 느티나무가 없어진 숲에, 늘어난 소나무를 보호하면서 금강송이나 안면송에 관심을 집중한 것이다.

느티나무의 수피는 회백색 또는 회갈색이지만 오래되면 비늘처럼 떨어진다. 수피나 어린 가지에는 피목이 있다.

재목으로 사용하는 느티나무와 소나무의 역할 분담

궁궐이나 사찰을 짓기 위해 10m 이상 곧게 자란 소나무가 사용되기 시작한 것이다. 건물에 비해 다소 커 보이는 지붕을 이고 있는 기둥은 느티나무일 확률이 크다. 느티나무 건축물은 웅장하고 중후한 느낌을 주기 때문에 불상을 모시는 사찰 건물이나 향교의 제단에 많이 사용하였다. 반면에 소나무 건축물은 소박하고 아담한 느낌을 주기 때문에 양반 가옥과 사찰의 약사전 등에 주로 사용되었다고 한다.

따라서 문화재 복원이라는 측면에서 같은 수종으로 복원 해야 한다면 느티나무 기둥으로 지어진 건물에 대한 대비책이 미흡한 실정이다. 소나무의 경우는 사정이 다르다. '문화재 보수 용재림'을 따로 지정하여 정부 차원에서 관리하기 때문이다. 숭례문이 빠르게 복원될 수 있었던 것도 비교적 정부에서 관리한 풍부한 소나무 자원 때문이라고 할 수 있다.

그러나 느티나무의 경우는 여기저기 전국에 흩어져 자라며 자원량이 부족하다. 여러 그루를 한꺼번에 키우기가 어려운 편이다. 우량한 느티나무를 많이 심고 집단화하여 문화재 용재로 쓸 수 있도록 관리하는 일은 그래서 시급하다. 용주사에서 느티나무를 심고 가꾸는 문화적이며 국가적인 큰 밑그림을 주도할 수 있는 인연이나 불사가 꿈틀댔으면 하는 바램으로 느티나무에 열매가 맺혔는지 살펴본다.

느티나무의 연한 어린잎에 쌀가루를 버무려 쪄 낸 느티떡

느티나무의 어린 새싹을 석남石楠이라고 한다. 이때가 사월 초파일 즈음이다. 이때의 어린 느티잎은 독성이 없고 향이 좋아 떡을 찌면 느티잎 향이 가득나는 제철 음식이다. 이처럼 느티떡은 느티나무의 연한 어린잎을 따다가 쌀가루에 두둑하게 넣고 버무려 팥고물을 켜켜이 안치고 쪄 낸 떡을 말한다. 불리는 한자 이름으로는 남병楠餅, 석남엽병石楠葉餅, 유엽병楡葉餅, 석남엽

증병石楠葉甑餠이라고도 한다. 맛과 향이 떡 중에 제일이라 추켜세운다. 『경도잡지京都雜誌』(1700년대 말)에 "손님을 맞이해 느티떡과 볶은 콩, 삶은 미나리로 반찬을 차려 놓는데, 이것을 부처님 탄신일 소반이라고 한다"고 기록되었으며, 『열양세시기洌陽歲時記』(1819)에는 "아이들이 등간에 가서 자리를 깔고 느티떡과 소금, 찐콩을 차려 놓고, 물동이에 바가지를 띄워 돌려 가면서 두드리고 노는데, 이를 수부라고 한다"고 하여 느티떡은 손님 접대나 아이들 수부놀이에도 등장하는 음식임을 알 수 있다.

느티떡을 만드는 방법에 대한 기록

1913년 『조선요리제법朝鮮料理製法』에 "팥은 거피하여 시루에 찌고 느티잎사귀는 연한 새싹으로 따서 정하게 씻어서 채반에 놓아 물을 다 빼고 떡가루를 잘 만들어서 느티잎을 함께 섞어 손가락 두마디 운두만큼 하고 팥을 가루가 보이지 않도록 뿌리고 또 이렇게 여러 켜를 해서 찌나니라. 떡가루는 가루 만드는 법에서 보고 소금물을 뿌려 잘 찌어야 하나니라"고 기록되어 있다. 거피란 껍질을 벗기는 것을 말하고 운두는 높이를 말한다. 느티잎에 손가락 두마디 높이로 팥을 뿌리라는 말이다.

4월떡과 늦티떡

1934년 『간편조선요리제법簡便朝鮮料理製法』에서는 '느티떡을 4월떡'이라고 하였으며, "느티나무 잎사귀를 떡가루에 섞어가지고, 거피한 팥을 두고 쑥떡하는 법으로 찌라"고 하였다. 1943년 『조선무쌍신식요리제법朝鮮無雙新式料理製法』에서는 '늦티떡'이라 했고, "느티나무 잎사귀를 연할 때 따서 웬 잎을 섞어 두껍게 켜를 안치고, 아무 팥이나 두어 찐 후에 먹으면 버석버석하여 조흐니라"고 설명하고 있다. 늦게 티가 나는 나무인 늦티나무를 뒷받침해 주는 말이기도 하다.

느티시루편과 녹두고물을 사용한 느티떡

1958년 『우리나라 음식 만드는 법』에서 느티시루편으로 소개되었다. "팥은 거피하여 준비해 놓고, 느티잎은 연하고 어린 새싹으로 따서 정하게 씻어 건져 놓고, 떡가루에 잎사귀를 넣어 섞어 가지고 시루에 켜를 알맞게 안치고 팥을 뿌려서 이렇게 여러 켜를 다 안쳐 쪄 가지고 썰어서 상에 놓으라"고 하였고, 1969년 『현대여성백과사전』에서는 녹두를 켜를 두고 쪄냈다고 하였다. 주로 팥고물을 사용해 오다가 최근에 녹두고물도 사용한것을 알 수 있다. 이와 같은 기록으로 보아 느티떡은 지금은 많이 사라졌으나 예로부터 사월 초파일 즈음에 항상 만들어 먹었던 음식임을 알 수 있다.

말채나무
편책이란 채찍으로 격려하고 기념하는 나무

수원농생명과학고등학교를 편책하며 빛내는 말채나무

학 명_ *Cornus walteri* F.T.Wangerin
영문명_ Walter Dogwood

달리는 말에 채찍질 – 주마가편

못본 척 해 주어야 할 때가 있다

수원농생명과학고등학교 교정에 말채나무 세 그루가 나란히 자라고 있다. 점심시간이면 학생들이 식당으로 향하면서 말채나무가 심어진 곳을 지난다. 경계석으로 화단을 만들어 세 그루의 말채나무를 둘러 놓았으나 상관없이 그 위를 밟고 지난다. 짧은 시간에 점심을 먹고 자신만의 여유로운 시간을 가지기 위하여 앞줄에 서야 하는 그 입장을 생각하면서 자꾸 외면한다. 어쩌면 그 왁자한 기운 앞에 나무 밑을 밟지 말라고 할 여력이 내게 없었을지도 모른다. 줄 서서 입장하는 일상의 질서 습관만으로도 고마운 일이다.

그러나 말채나무 세 그루는 매일 그렇게 딱딱하게 밟히고 있다. 다행스러운 것은 그 주변이 투수블록포장으로 보호조치를 하였다는 것이다. 말채나무의 뿌리는 학생들이 밟고 선 나무 밑줄기 부분보다 훨씬 멀리 퍼져 살아가는 데 지장 없게 끔 적응하고 있다고 봐야 한다. 다만, 5~6월의 나뭇가지에 가득 피어나 무거워 보일 정도의 말채나무 꽃을 학생들이 한번씩 쳐다 봐준다면 나무는 행복할 것이다.

오래된 나무의 의젓하고 우아한 태를 본다

말채나무는 꽃만 아름다운 게 아니다. 감나무의 수피처럼 그물 같이 갈라지는 회갈색 수피가 여간 아름다운 게 아니다. 물론, 이렇게 갈라지려면 일정한 연령에 도달해야 한다. 지금은 꽃이 지고 열매가 작게 맺혀 있다. 사진을 찍어 둔다. 지금 열매의 색은 푸른색이지만 서서히 보라색이 가미되면서 이런 저런 빛깔을 낸다. 그러다가 검정색으로 되면 열매가 완숙한 것이다. 콩알같이 작은 열매들이 꽃이 피었던 그 무게감을 그대로 이어 원반 모양으로 매달린다. 꽃이 피었을 때는 벌이 날아온다. 밀원식물로 매우 중요한 자원이다. 열매가 맺히면 이번에는 수많은 새들이 찾아온다.

오래된 말채나무의 수피는 회갈색으로 감나무처럼 그물무늬로 갈라져 우아하다

학교에 심은 말채나무는 편책鞭策의 의미

    학교 기숙사 앞에 심어진 나무이기에
    기숙사에서 생활하는 학생들의 가을은
    새들이 지저귀는 소리에 또 한번 행복할 것이다
    이때 열매를 채취하여 정선하고
    바로 파종하거나
    노천매장하였다가 이듬해 봄에 파종하면
    나무를 번식시킬 수 있다
    올해는 말채나무 열매를 채취하여
    말채나무 묘목을 생산할 수 있도록
    마음에 점 하나 찍는다.

  충북 괴산의 사리면 사담리에는 520년 된 말채나무가 있다. 옛날 단양 우씨가 후손의 번영을 위해 수구수水口樹로 마을 앞에 심은 것이라고 전해진다. 그 뜻은 편책鞭策, 즉 채찍질한다는 뜻으로 후손에게 격려의 뜻을 함축시켜 기념한 것이다. 환경적으로 마을을 오래도록 평안하게 유지하도록 하는 깊은 뜻을 가졌다. 후손들에게 살아가면서 더 열심히 공부하고 생활하라는 의미의 채찍질을 안겨 주기도 한다.

  요즘 학교에 말채나무는 그런 의미로라도 넓은 식재 공간에 독립수로 크게 자라도록 도입할 필요가 있다. 이 나무가 마을에 나쁜 기운이 들어오거나 좋은 기운이 밖으로 빠져 나가는 것을 막는 수구맥이 나무이듯, 학교에도 나쁜 기운을 막고 좋은 기운을 품을 수 있는 조치가 필요하다.

수원농생명과학고등학교 기숙사 앞(지금은 한 그루를 이식하여 더 넓은 곳에 옮겨심고 두 그루만 남음)

학교의 수구맥이 식재를 생각한다

예전에는 마을의 안녕을 해치는 요소로 물의 위협이 가장 두려웠다. 물의 범람은 곧 수재로 이어진다. 이를 막고 자연재해를 일정한 풍수원리로 보호하는 기능이 수구맥이다.

수구맥이의 유형은 마을 어귀에서 수구水口를 막고 허한 기운을 보하는 것이다. 도참사상과 풍수사상의 맥락을 지녔다. 비보풍수설에 의해 자연적인 기운을 일정하게 방비하고, 서로 융합하며 조화하도록 하는 것이 수구맥이의 기본적인 양상이다. 이러한 형태는 우리나라 전역에 걸쳐 장승, 벅수, 사찰, 탑, 절, 연못 등으로 다양하게 널리 퍼져 있는 것을 볼 수 있다.

학교 건물과 건물 사이에서 좋은 기운을 머물게 한다.

　신라시대와 고려시대의 사례로 추정되는 전남 장흥군 가지산 보림사 장생탑비, 전북 익산시 동고도리의 수구막이, 전남 영암군 월출산 기슭의 국장생과 황장생, 전북 남원시 만복사지의 석장승 등은 비보풍수의 산물이다.

　조선시대에는 남원시 실상사의 돌벅수, 나주시 운흥사와 불회사의 돌벅수, 무안군 법천사의 돌벅수, 해남군 대흥사, 순천시 선암사의 목제 호법신장 등이 대표적이다. 마을신앙에서 이를 중시하고 수구맥이를 내세우는 것은 이러한 각도에서 의의가 있다.

말채나무는 내적인 충실에 기여한다

　말채나무는 조선송양이라 하여 우리나라 원산임을 밝히고 있다.(대교, 눈높이대백과, 朝鮮松楊, Korean dogwood , http://newdle.noonnoppi.com/)

　말채나무는 봄에 한창 물이 오를 때 가느다랗고 낭창낭창한 가지가 말채찍으로 적합하여 붙여진 이름이다. 주마가편走馬加鞭이라는 말이 있다. 달리는 말에 채찍을 가한다는 말이다. 잘 되어 가고 있는 현실이 있다면 더욱 박차를 가하여 그 현실을 꿈으로 이루어지게 한다면 얼마나 좋겠는가. 그러나 달리고 있고 채찍을 가하고 있음에도 이것이 꿈을 이루는 데 기여하지 못한다면 또한 얼마나 슬픈가.

말채나무 꽃은 잎이 많은 몸체에 전혀 주눅들지 않는다.

　　외화내빈外華內貧이라는 말이 있다. 겉은 화려한데 속은 텅 비어 가난하니 그 속은 어찌나 쓰릴까. 18세기 조선의 실학 정신은 어디로 갔을까. 시대가 수없이 변하고 발전하였다. 오히려 귀한 사상의 정신과 혼은 뒷걸음치고 있는 건 아닌지. 표현방식에는 보여 주는 것과 지니고 있는 것으로 크게 나눌 수 있다. 형식과 내용이며, 미적인 것과 기능적인 것과의 차이다. 어쩌면 이 시대가 보여주는 형식에 치우치고 있는 건 아닌지 싶다. 보여주는 형식으로 달리고 있는데 채찍을 가하고 있다면 다시 말을 세우고 왜 채찍질을 하고 있는지 되돌아볼 일이다. 말채나무는 층층나무과에 속한다. 남부 수종인 식나무, 예수님이 이 나무에서 운명하였다는 산딸나무, 주변의 누구에게도 자리를 넘겨주지 않고 굳건하게 층을 이루며 자라는 층층나무, 관목이며 흰 눈이 왔을 때 빨간 줄기가 돋보이는 흰말채나무, 겨울의 새빨간 가지가 아름다운 곰의말채, 황금색 꽃이 피는 산수유, 그리고 지금 이야기하는 말채나무 등이 층층나무과에 속한다.

까만 열매를 매단 빨간 가지와 푸른 잎

꽃이 필 때 순백의 잔치로 단연코 눈부신 나무이다. 초여름 작은 꽃들이 모여 만들어 내는 커다란 꽃의 덩어리는 온 나무를 덮어서 지극히 아름답다. 꿀벌이 부지런을 떨어야 하는 밀원식물이다. 말채나무 잎이 꽤 크고 많아도 꽃이 기세에 뒤지지 않는다.

가을에 검은색으로 익는 열매는 새들의 천국을 만든다. 까만 열매를 매달고 있는 열매의 가지가 붉은색이어서 잎과 함께 제대로 어울려 빼어나다. 말채나무와 층층나무는 전체적인 수형을 보았을 때 쉽게 구분된다.

층층나무는 가지가 층을 둥글게 이루면서 위로 자라기 때문에 전체적으로 고르게 가지를 뻗으며 자라는 말채나무와 구분된다. 무엇보다도 말채나무는 층층나무에 비해 측맥이 3~5쌍으로 적으며 잎과 가지가 마주나게 달린다. 이를 마주나기라고 한다. 그러나 층층나무는 잎이나 가지가 어긋나게 달린다. 그래서 어긋나기라고 한다.

겨울에 말채나무의 소지는 붉어지지 않지만 층층나무의 소지는 붉어진다. 곰의말채에 비해서는 잎이 넓고 나무껍질이 그물처럼 갈라지는 점이 다르다.

말채나무 열매가 빨간 가지와 푸른 잎에서 어울린다.

최근에 이 말채나무가 상품으로 만들어지고 있다

한국특허정보원에 출원한 말채나무 건강음료가 그것이다. 적당하게 파쇄한 말채나무와 율무 등으로 체지방 분해작용과 이뇨작용에 착안해 다이어트, 비만 방지, 항암효과 등을 기대할 수 있다는 출원 내용이다. 심지어는 인터넷 제천 한방 쇼핑몰인 '건강보감'에서는 [S라인 한방차]라고 하여 자연산 빼빼목(신선목)이라는 이름으로 [빼빼목슬라이스A 600g] +[빼빼목잔가지600g] +[감초70g]으로 50팩을 만들어 판매하고 있다.

'빼빼해진다는 바로 그 나무 빼빼목', '신선과 같이 몸이 가벼워진다는 바로 그 나무 신선목'이라는 광고 문안을 사용하고 있다. 이와 같이 말채나무는 신선목, 빼빼목, 피골목, 홀쭉이나무, 뫼조나무, 설매목 등으로 다양하게 불린다. 그 효과에 대하여 단정지을 수는 없지만 독성이 없고 요오드 성분이 많은 편이어서 전통차로 쓴다고 전해진다. 민간에서 부르는 이름이 많은 것을 보면 사람과의 친분도 두텁다는 것을 미루어 알 수 있다.

말채나무 겨울 가지

생약명으로는 모래지엽毛梾枝葉이라 하여 가지와 잎으로 칠창漆瘡을 치료한다. 칠창은 타고난 체질이 옻에 약해 옻 기운만 받으면 부스럼이 생기는 것을 말한다. 살갗에 닿으면 갑자기 후끈후끈 달아오르고 가려우며, 작은 두드러기나 물집이 생기고, 긁어 터뜨리면 짓물러 진물이 흐르며, 심하면 온몸으로 퍼진다. 옻독이 올라 생기는 피부병으로 칠교漆咬라고도 한다.

미루나무
살랑대는 바람에도 몸 전체로 반응하는 나무

미루나무는 녹음수 또는 저습지 녹화용으로 이용하며 특히 걷기 위한 좁은 가로수로 최상이다.

학　명_ *Populus deltoides* Marsh.
영문명_ Eastern Cottonwood

바람의 몸을 빌려 노래한다

미루나무와 미류나무, 델토이데스와 모닐리훼라 그리고 뽀뿌라

미루나무는 버드나무과에 속하는 낙엽활엽교목이다. 포플러라고도 부른다. 미국 원산이며 미국에서 들어온 버드나무라는 뜻으로 미류美柳나무라고 불렀다. 지금은 새국어법에 따라 미루나무가 표준어로 사용된다. '미류'라고 하면 보다 정확하게 상상이 되는데, '미루'라고 하면 생경하기도 하다. 그러나 부르기에는 정답다. "미루나무 꼭대기에/ 조각구름 걸려 있네/ 솔바람이 몰고 와서/ 살짝 걸쳐 놓고 갔어요."라는 어릴 적 기억이 생생하다. 노래의 제목은 '미루나무'가 아니라 '흰구름'이다.

미루나무의 정확한 학명은 *Populus deltoides*이다. 이명으로는 *Populus monilifera* 로도 불린다. 이름의 변천사를 보면, '미류나무'는 조선삼림식물도설(정태현, 1942)과 대한식물도감(이창복, 1980)에 식물명으로 나오고, '미류'는 한국식물명고(이우철, 1996)에 나온다. '모나리백양'은 우리나라식물명감(박만규, 1949)에 기재되었고, '모나리페라포플라'는 조선식물향명집(정태현·도봉섭·이덕봉·이휘재, 1937)에서 불렸다. 이런 이름의 변천사를 통해 2002년에 국가표준식물목록으로 '미루나무'라 확정하였다. 북한은 '강선뽀뿌라'라 부르고, 중국은 '델토이데스포플라나무'라고 한다.

속성수이며 뽀뿌라류 가운데 첫 자리를 차지하는 '강선뽀뿌라'

여강출판사에서 찍은 북한농업과학원의 『한국식물대사전』에는 '강선뽀뿌라(모닐리훼라양버들, 모닐리훼라포플라나무, 미루나무)'라고 식물명을 표시하였다. 그리고 학명으로는 *Populus monilifera* 라 했다.

학교에 학생들의 등교길이나 이동하는 길 가장자리로 좁고 긴 양버들을 심으면 잎이 흔들며 내는 소리에 자연의 소리를 음악으로 들을 수 있을 것이다.

(……) 나무가 빨리 자라고 깨끗하므로 가로수와 정원수로도 널리 심는다. 이 나무는 16년생에서 높이 18.7m, 직경 26.3㎝ 정도 자라는데(……) 대동강뽀뿌라나무, 검은뽀뿌라나무보다도 더 빨리 자라므로 목재축적량이 많을 뿐만 아니라 (……) 더 크므로 뽀뿌라나무류 가운데서 첫 자리를 차지한다.

속성수라는 말이다. 목재로 이용할 수 있는 회수 기간이 짧다. 15년 정도만 기다리면 목재로 사용할 수 있다. 북한의 책에서는 삽목을 '늦가을~겨울에 가지를 잘라서 마르지 않게 움 속에 두었다가 13~20㎝의 길이로 잘라 새 묘포苗圃에 심는다.'고 되어 있지만, 2월 하순에서 3월 상순에 전년지를 20cm로 잘라 냉암소에 보관했다가 4월경에 삽목하면 된다. 종자번식은 성숙 후 10일이면 발아력을 상실하므로 종자 보관에 특히 세심한 주의를 해야 한다.

나무는 뿌리를 숨겨 둔다
변함없는 듯 우뚝 그 자리에 있다
새로운 잎이 나서 자라고 털어내며
시들어갈 때까지 아무 말없이 의연하기만 하다
청둥오리의 물밑 유영처럼 뿌리 또한 그렇게
땅속에서 뿌리털을 곤두세워 흔들리고 있다
살아간다는 것은 마치 흔들려야 되는 것처럼
흙냄새를 따라 끊임없이 춤을 춘다

미루나무면 되었지, 뭐가 그리 복잡하나요

포플러 종류에 속하는 것들이다. 미루나무, 양버들, 이태리포플러가 그렇다. 미루나무는 수형이 다소 넓게 퍼진다. 양버들은 수형이 잘 묶어진 빗자루처럼 뻗어 올라간다. 이태리포플러는 미루나무와 양버들의 중간 성질로 가지가 뻗어 나간다.

우리가 논밭 주변이나 하천 주변에서 만났던 나무는 사실 양버들이지만 아무도 의심하지 않고 미루나무라고 불렀다. 그만큼 친숙해진 이름이다. 예전 시골의 들판 곳곳에 늘씬한 키로 풍경을 사로잡는 매력으로 서 있었다. 그러나 사람들은 양버들인 이 나무를 그냥 미루나무라고 불렀다. 지금은 이 풍경을 만나는 게 쉽지 않다.

잎이 달걀 모양의 삼각형으로 양버들이 잎의 폭이 더 크다면 미루나무는 잎의 길이가 약간 더 길다. 그래서인지 바람에 흔들릴 때 내는 소리는 나무를 다시 쳐다보게 할 지경이다. 아주 미세한 바람에도 소리를 낸다. 잎을 흔들고 춤을 추면서 바람의 몸을 빌려 노래한다. 바람이야말로 나뭇잎을 통하여 제 목소리를 내고 있다고 말할 것이다.

최근 서울식물원에 미루나무를 식재하여 조성하고 있다.

기청산식물원 답사 때 보았던 미루나무

경북 포항시 청하면에는 기청산 식물원이 있다. 꽤 오래 전에 답사한 곳이다. 한여름으로 기억한다. 식물원은 아촌 이삼우 원장님이 오랜 세월 선친의 과수원을 인수하여 한국 향토 고유 수종 연구개발 농원으로 시작된 사설 식물원이다. 그곳에서 자생 수목의 중요성에 대한 슬라이드 강의를 직접 듣고 식물원을 둘러 볼 때 쏟아지듯 환한 빛과 함께 노래를 불러대는 미루나무 가로수를 만났다. 오랫동안 잊고 있던 고향의 들길을 만난 듯 한참을 서서 말을 잇지 못하였다.

미루나무는 실바람에도 덩실덩실 춤을 춘다.
잎자루가 길고 삼각형 몸매를 주체 못한다.
잎의 길이가 몸체의 길이보다 길다.

학교마다 미루나무를 심어 그 소리를 들을 수 있게 한다면

학교에 미루나무를 심는 것을 생각했다. 요즘 산에 가도 귀에 이어폰을 꽂고 음악을 듣는 사람들이 많다. 대체 자연에서 자연의 소리를 듣지 않는다. 자연에서는 음악 시디를 듣고 집에서는 자연의 소리를 또 다른 시디로 듣는다. 국어, 영어, 수학 등 입시 도구 교과가 아닌 시간에는 그 교과목을 접고 오로지 입시 도구 교과 학습에만 매달려 온 습관이 이렇게 만든 것일까. 한참을 그런 저런 생각으로 기청산 식물원 답사를 마쳤다. 최근에는 한강의 선유도 공원에 미루나무 가로수길을 만들어 많은 사람들이 찾는 명소로 거듭나고 있다.

선유도공원의 미루나무가로수와 광장, 그리고 미루나무의 수피

나뭇잎이 바람과 함께 춤을 추고 노래를 부르는

지금이라도 미루나무 번식을 서둘러 도시 학교에서 나뭇잎이 바람과 함께 어울려 춤을 추고 노래를 부르는 자연의 아름다움을 선사할 수 있어야 한다. 이런 생각을 실천에 옮긴 적이 있다. 농업과학연구회 활동을 함께 하던 강릉 친구가 삽수를 보내 주어 수원농생명과학고등학교에서 근무할 때 삽목을 하였다. 때마침 다른 사람이 삽목한 곳의 사정을 알지 못한 채 풀을 깎으면서 나무 또한 없어지고 말았다. 자꾸 삽목해야지 하면서 마음은 서두르는데, 누울 곳을 찾지 못하여 머뭇대고 있다. 특히, 폭발적인 감수성의 초등학교에 미루나무를 심고 싶다. 학생의 가슴에 풍요로운 감성과 상상이 넘나들 수 있게 하는 것이다. 키 큰 미루나무는 쳐다보는 것만으로도 자유로운 영혼을 꿈결같이 이끌 것이다.

세월 지난 그리움 모두 구름 걸린 언덕의 미루나무

아름다운 옛 미루나무 풍경을 본다. 지금은 볼 수 없는 풍경이지만 마음 속에 오래도록 각인되어 지워지지 않는 풍경, 새로운 풍경이 아니라 마음의 풍경을 끄집어 내고 싶다. 과거와 현재를 서로 이을 수 있는 풍경이 그리 흔치 않기 때문이다.

서울식물원 미루나무 숲(2018.10)은 조만간 여름철 잎이 댄스하듯 신나게 흔드는 음악 소리를 선사할 것이다.

이외수는 세월 지난 그리운 이름들 모두 구름 걸린 언덕에 미루나무로 살아가고 있다고 했다. 그것도 아주 키가 큰 미루나무로 살아간다고. "온 세상 푸르던 젊은 날에는/(......) 하늘을 쳐다보면 눈시울이 젖었지요/ 생각하면 부질없이/ 나이만 먹었습니다//그래도 이제는 알 수 있지요/ 그리운 이름들은 모두/ 구름 걸린 언덕에서/ 키 큰 미루나무로 살아갑니다/ 바람이 불면 들리시나요/ 그대 이름 나지막이 부르는 소리"(이외수, 구름 걸린 미루나무)

찰피나무

어디서든 만나면 기분 좋고 우람한 ~~~나무

청계사 여름 찰피나무 풍경

학   명_ *Tilia mandshurica* Rupr. & Maxim.
영문명_ Manchurian Linden

찰피나무 분분한 것들

청계산, 꼭 여기여야 만난다.

한여름 청계산 산행이면 꼭 들리는 청계사, 어머님도 뵙고 찰피나무도 만난다. 처음 만난 듯 늘 새로워 고개 쳐들고 숙이질 못한다. 벌들은 또 그리 왱왱대며 주위를 맴도는지 늘 기억 속에 찰피나무는 벌과 꽃이 함께 한다.

치악산 구룡사에서 귀한 찰피나무를 만난 적이 있다. 아직도 치악산 구룡사에는 그 찰피나무가 있을까? 2003년 대웅전 화재 이후 아직 가보지 않았으니 찰피나무가 그 모습 그대로 있지는 않을 것이다. 막상 찾아가서 그 나무가 없어졌다는 사실을 확인하게 될까 봐 더욱 가는 것을 미루고 있었는지 모른다. 핑계처럼 머뭇대는 것도 삶이듯 여전히 가보고 싶으면서도 애태우며 번뇌를 키웠다. 그래서 어느 겨울, 답사 겸 찾았다.

대웅전을 들렸다 왼쪽 뒤편으로 오르다 보면 한적한 공간에 그 단아한 모습으로 주변을 감싸던 나무였다. 그러나 그 나무는 보이지 않고 한쪽 산기슭에 잘 자라고 있는 다른 찰피나무를 보았다. 다른 나무들과 섞여서 자라는 것으로 보아 예전에 보았던 늠름한 찰피나무는 아니었다. 잎이 없으니 주변에서 찰피나무 열매를 주웠다. 한참을 주우니 꽤 양이 염주를 매달 만큼 되었다. 대웅전을 바라보고 왼쪽 산기슭에 소나무와 섞여 자라고 있다.

치악산 구룡사 찰피나무

찰피나무를 좋아하게 된 것은 저절로다

어느 하나 놓칠 게 없는 나무이다. 수형이 반듯하고 꽃이 밀원이라 벌에게는 꿈같은 보금자리에 놓인다. 피나무꿀이 그래서 인기다. 인기라고 하면 할 말이 더 있다. 예전에 군대 제대하는 사람들 손에 피나무 바둑판 한 개씩 들려 있었다고 한다. 아울러 피나무는 종류가 매우 많지만, 목탁에 사용할 정도의 알 큰 나무는 찰피나무가 제격이다. 목탁뿐이겠는가. 염주 역시 찰피나무 열매가 안성맞춤이다.

찰피나무는 조금 낮고 비옥한 산의 비탈이 끝나는 아랫부분에서 자라며 생장이 빠르고 곧게 잘 자라 경제림 육성을 위한 조림수종으로 유망하다. 여름철 밀원이 풍부하여 밀원수종, 수형이 아름답고 잎의 질감과 색감이 수련하여 조경수종으로 가치가 높다. 가로수나 공원수, 생태공원에 적합하다.

분분한 꽃망울이 활짝 피어 있을 때면 쓰러진다.

찰피나무 꽃 핀 모습을 보는 것은 행복한 삶이다. 복이 어느 정점을 찍고 돌아올 정도 되는 홍복洪福이라 하겠다. 미처 생각지 않았다가 만나는 기쁨이란 속으로 신나서 들뜨지 않을 수 없다. 싱글벙글이지만 괜히 이상하게 여길까 봐 차분해지라고 내심 다독거린다.

피나무를 보고 싶으면 서울대학교 농과대학이 있던 서둔캠퍼스를 찾는다. 피나무 가로수 군락이다. 길 옆으로 잘 자라고 있다. 예전 농화학과 건물 마당 가장자리이면서 뒤쪽 임학과와 오른쪽 원예학과 사이로 난 길을 가면서 오래도록 황홀하게 쳐다보았다.

관악캠퍼스로 이전하고 텅 비어 있을 때 일삼아 보러 갔다. 마치 해방 후 군정시대의 풍경과 같아진 캠퍼스 주변을 한참 걷다가 농화학과 앞에서 피나무 가로 군락을, 가슴이 시원할 만큼 멋지게 기막힌 풍경을 만났다. 피나무에 비해 잎이 좁고 끝이 꼬리처럼 길며 종자가 매우 작은 게 구주피나무(Tilia kiusiana)였다.

서울대학교 농과대학(수원시 권선구 서둔동) 구내의 피나무 가로 군락

마음 깊은 생각을 보살핀다

쉽게 모두 다 그렇게 되지는 않겠지만 찰피나무를 바라보면 의식 있고 마음 깊은 생각을 지닌 선각자와 만나는 기분이다. 누군가 나무의 가치를 알고 일부러 구하려고 마음먹었을 것이다. 벼르고 마음먹어 어디선가 가져와 심었다는 것이다. 분분한 꽃망울을 보려고 했겠는가. 가을이면 프로펠러 달린 열매가 핑구르르 날리면서 떨어져 사방을 뒹굴면 그것을 청소하느라 투덜댈 동자승이야 그 깊은 나무의 결을 모르겠지만, 얼마나 출중한, 예언자다운, 은혜로운 생각이었는가.

피나무 종류는 많다

찰피나무는 단연 벌이 대단히 좋아하는 꽃을 단다. 이렇게 벌이 즐겨 찾는 꽃을 가진 식물을 밀원식물이라고 한다. 찰피나무는 그중에서 잎과 함께 은은하게 피면서 달콤한 향기와 맛 좋고 풍부한 꿀로 벌을 유인해 수정을 하여 열매를 매단다. 우리 나무 피나뭇과의 식물은 대부분 키가 큰 교목성 수종이다.

피나무*Tilia amuresis*는
달피나무라고도 하고
열매가 둥글며 모서리각이 없거나 희미하다
찰피나무의 학명은 *Tilia mandshurica*이고
열매는 둥글며 밑에 5줄의 희미한 모서리각이 있다
보리자나무*Tilia miqueliana*는
찰피나무에 비해 잎이 다소 좁고
열매가 납작하게 둥글고
밑부분에만 5개의 모서리각이 있다
염주나무는 *Tilia megaphylla*이다
열매는 타원형으로 끝이 뾰족하며
뚜렷한 밑에서부터 끝까지 5개의 모서리각이 있다
모두 갈색 털로 덮여 있다.
이런 열매가 프로펠러 모양의 포에 달려 있는 모습이 독특하여 볼 만하다

염주나무는 습도가 유지되는 계곡에서 잘 자란다. 낙엽활엽소교목으로 국내에서만 자생하는 특산 식물이며, 넓은 계란형의 수관 모양과 하트 모양의 잎이 아름다워 가로수와 녹음수로 적합하고 잎 뒷면에 은백색의 털이 촘촘하게 나 있어 단식, 혼식, 군식 모두 잘 어울린다. 보리수와 잎이 비슷하여 사찰조경에도 많이 쓰인다. 피나무 종류는 대부분 하트형 잎이며 좌우 모양이 같지 않은 비대칭이 귀엽고 바라볼수록 재미있다. 잎가장자리에 톱니가 있어 부드러운 기운을 날카롭게 감추고 있다.

찰피나무와 염주나무

찰피나무를 만나면 그래서 우쭐해진다

꽃 분분 피어 심장형 잎에 가려서 함초롬하게 내려 피고 있는 찰피나무를 바라본다. 그러면서 내가 너를 바라봄이, 기대함이 무엇이었겠는가를 다시 생각한다. 평소에 보고 싶던 게 분명하지만 일상에서 아무 탈 없이 불편 없이 지냈다는 게 스스로 부끄럽다. 좋아하면서도 좋아하는 것을 꾸짖어 키우지 못했지만 여전히 만나자마자 빠져들게 한다. 나와 찰피나무가 서로를 그리워하는 인정에 갇혀 있는 게다. 서로를 애틋하게 하는 것은 기대감이고, 그래서 서로의 속마음이 만나는 지점이 있는 것이리라.

피나무의 꽃은 자단紫椴이라 하여 땀을 내게 하는 발한과 열을 내리게 하는 해열, 염증을 가라앉히고 저항하는 항염의 효능이 있어 감기, 폐결핵, 열성 질병, 오한에 쓴다. 찰피나무의 꽃은 강단糠椴이라 하여 진정, 발한, 해열의 효능이 있다. 진정의 효능으로 신경 및 정신쇠약, 잠이 오지 않을 때에도 쓴다고 한다.

층층나무
시선이 머물 수밖에 없는 풍요로움의 나무

산중턱 이상의 북사면에 잘 자라며 원줄기에서 층층으로 바퀴살 모양으로 수평으로 수형을 만든다

학 명_ Populus deltoides Marsh.
영문명_ Eastern Cottonwood

위만 쳐다보지 않는 수평적 성장은 수용의 미학이다.

층이 지는 세상의 단정함이 멀리서도 한 눈에 보여

층이 지는 세상이다. 살아가는 방식이 부의 집중 정도에 따라 판이하게 차이가 난다. 다락방 정도의 층수에서도 멀리 내다보며 꿈을 키우던 시절이 있었는데, 이제는 아파트 층수에 따라 사람도 달리 보인다고 한다. 경제적 지표에 따라 층층별로 세상살이가 층이 진다. 같은 자전거를 타고 즐겨도 그 세계에는 부의 배치에 따른 층이 있다. 취미 생활과 문화 생활 모두 누리고 즐기는 것이겠지만, 분명한 보이지 않는 위계가 부의 정도에 따라 나누어져 있다. 층이 진다는 것은 층층별로 서로 별개의 세계를 지니고 있다는 말이다. 층층나무는 모두 층이 진다. 층층나무의 뚜렷한 층은 살아가기 편하게 가지의 각도를 유지하고 개체를 보존하면서 진화하였다. 바람과 햇빛과 빗물에 의해 자신의 모양을 적응시켜 온 것이다.

시선이 머물 수밖에 없는 풍요로움의 나무

봄이 지나고 여름의 길목에서 만나는
층층나무는 나무의 모양이 꽤나 인상적이다
버스를 타고 창문을 열고 여행을 하다보면
숲 가장자리 녹음 사이에

층층마다 흰꽃을 피우며
　　　나를 향해 손을 흔들어 주는 나무가 있다
　　　나무를 모르는 사람도

　　　"산자락에 하얗게 뭉게 구름처럼
　　　몽실몽실 환하게 핀 온통 흰,
　　　저 나무는 뭘까?"

　　　궁금증을 자아내게 한다
　　　그게 층층나무다.
　　　당장 가까이 다가가고 싶어
　　　고개가 꺾일 때까지 바라보는 이끌림이다

　층층나무는 5월부터 6월까지 하얗게 잔치를 연다. 시선이 머물 수밖에 없는 풍요로움이다. 나무가 층을 만들며 가지와 잎을 옆으로 계속 자라게 한다.

층층나무는 매우 작은 흰 꽃이 모여 큰 꽃을 만든다.
뭉게구름 피듯 이 꽃은 꿀 많은 좋은 밀원식물로 알려졌다.

숲 가장자리는 다양한 생물종이 서로 경쟁하며 뽐내는 곳

숲 가장자리에 층층나무가 있으면 다른 나무는 맥을 못쓴다. 햇빛을 혼자 다 차지하고 다른 나무에게 갈 햇볕을 방해한다. 그래서 종종 층층나무를 폭목暴木이라고 부른다. 사나울 정도로 기세등등하다는 뜻일 게다. 반면에 서로 층을 이루며 독특하고 단정하게 자라는 모습을 가지고 단목端木이라고도 한다. 바르고 단정한 나무라는 것이다. 이렇게 같은 층층나무를 가지고도 층이 다르게 바라보는 것을 보면 세상은 층이 지게 살 수밖에 없음을 나무에게서 또 배운다.

숲 가장자리의 층층나무는 우세목으로 성장한다.

층층나무의 잎은 다소 주름이 지는 모양이고 열매는 벽흑색이다

잎은 어긋나게 달리고 가지 끝에서는 촘촘하게 달린다. 타원형 또는 넓은 계란 모양이다. 잎 끝이 점점 길게 뾰족해지는 점첨두이며 밑부분은 넓은 쐐기 모양이다. 잎 가장자리는 밋밋하다. 잎 표면은 녹색이며 어린 잎에는 겹친 털인 복모가 약간 있고, 잎 뒷면은 분백색이 돌고 누운 털이 있으며 맥 주변에 많다. 측맥은 6~9쌍이며 잎자루는 붉은 빛이 돌고 털이 있으나 점차 없어진다.

층층나무의 잎은 다소 주름이 진다. 잎맥은 선명하게 잘 보이며 말채나무는 잎이 마주나기이나, 층층나무는 잎이 어긋나기이다.

새에게 안성맞춤이 층층나무의 열매

꽃이 달리는 화서를 살펴보면 햇가지 끝에 꽃이 달리며 백색으로 핀다. 꽃잎은 넓은 피침형이며 꽃받침통과 더불어 겉에는 털이 밀생하고 꽃잎과 수술이 각각 4개씩이다. 수술이 꽃잎보다 길게 나온다. 열매는 씨가 단단한 핵과로 둥글며, 9~10월에 곱고 짙푸른 검정색인 벽흑색碧黑色으로 익는다. 새들이 즐겨 먹는다. 새가 찾아와 즐겁게 시간을 보낼 수 있는 안정된 수형을 가진 것도 눈여겨 볼 일이다.

꽃은 새 가지 끝에 자잘한 흰색 꽃으로 모여 피고 은은한 꿀 향기가 난다.

층층나무는 그늘진 곳에서도 잘 자라고 생장속도가 빠르며 병충해, 공해, 추위에 강하기 때문에 조경용으로 매우 많이 사용한다. 정희석의 『목재용어사전』에는 목재의 색을 담홍황백색, 담황백색 또는 백색으로 심재와 변재의 구분이 뚜렷하지 않다고 하였다. 강도는 보통이며 내후성은 약하다. 조각재나 기구재와 합판에 쓰인다. 나무인형이나 젓가락을 만들고, 가구재로 쓰인다는 말이다. 나무를 덮고 있는 층층나무의 꽃은 꿀이 많아 밀원식물로도 유용하다. 번식도 잘 된다. 가을에 익은 열매를 채취하여 겨울동안 노천매장했다가 봄에 파종하면 발아가 잘 된다.

층층나무와 비슷한 나무들과 만나본다

층층나무와 비슷한 잎을 가진 나무에 산딸나무가 있다. 이 두 나무는 서로 비슷한 시기에 꽃이 핀다. 그러나 꽃의 모양은 참으로 다르다. 산딸나무는 큰 꽃이 낱개로 피고 층층나무는 작은꽃이 여러개가 다발로 모여 핀다. 그러나 사실 산딸나무는 꽃잎이 없다. 4개의 흰색 꽃잎으로 보이는 게 꽃받침이기 때문이다. 또한 층층나무와 말채나무를 비교할 수 있다. 둘 다 잎 모양이 비슷하지만 층층나무는 잎이 어긋나고, 말채나무는 마주난다. 그리고 층층나무의 작은 가지는 겨울에 붉어지고, 말채나무는 붉어지지 않는다.

산딸나무는 꽃잎이 없다. 4개의 흰색 꽃잎으로 보이는 게 꽃받침이기 때문이다.

말채나무는 층층나무와 달리 잎이 마주난다. 층층나무의 작은 가지는 겨울에 붉어지고, 말채나무는 붉어지지 않는다.

위만 쳐다보지 않는 수평적 사고방식은 수용의 미학이다

층층나무는 숲의 계곡에서 잘 자란다. 보통의 나무들이 하늘을 향해 가지를 벌리지만 층층나무는 수평으로 층지게 퍼진다. 얼핏 모든 것을 수용하려는 의지가 엿보인다. 마음으로만 세상을 수용하겠다는 게 아니라 모양으로도 이미 수용의 미학을 완성하고 있다. 사람의 마음을 들여다보는 것은 어렵다. 그가 마음을 드러내고 보여준다고 해서 그게 그 사람의 마음이라고 덜컥 규정을 내리는 것은 성급하다. 그게 그 사람의 마음일까? 하며 의아해하는 것도 마음이기 때문이다. 층층나무는 마음을 열고 모든 것을 받아들이라고 한다. 인정하고 수용하는 마음, 그래서 더욱 지금의 인연들을 받아들이는 하심의 세계, 그런 인문학적 상상력을 층층나무에게 배운다.

백합나무
지난밤 울울창창하였을 선명한 녹색 나무

백합나무 목재는 가볍고 재질이 좋은 속성수로 산림청에서는 경제수로 지정하였다.

학　명_ *Liriodendron tulipifera* L.
영문명_ Tulip Tree, Tulip Poplar, Whitewood

겨울 바람 앞에서도 바스러지지 않을 나무

카누 우드를 만들던 백합나무

백합나무 또는 튤립나무라고 한다. 백합나무의 학명은 *Liriodendron tulipifera* L.이다. 앞이 속명이고 뒤는 종소명인데, *Liroodendron*이 백합꽃이 달리는 나무라는 뜻이고, *tulipifera*가 커다란 튤립 꽃이 달린다는 뜻이다. 여기서는 속명에서 유래한 명칭인 백합나무를 사용한다.

국가표준식물목록에서도 백합나무라는 국명을 사용하게끔 추천하고 있다. 백합나무는 북아메리카가 원산지로 전국에서 가로수나 공원수로 식재되고 있다. 매우 큰 나무로 속성수이다. 목재는 가볍고 연한 노란빛의 광택이 있다. 인디언들이 다루기 쉽고 물에 잘 뜨는 목재의 성질을 일찌감치 파악하여 배를 만들어 사용했다. 카누 우드 Canoe Wood라고 부르는 이유다. 자람이 빠른데다 재질까지 좋은 셈이다.

백합나무의 겨울 풍경과 꽃의 연한 색상

백합나무는 겨울 풍경이 한몫한다. 겨울까지 습한 것은 모두 빼내고 바짝 말라 있다. 꽃이 필 때에는 백합을 닮아 있는 연노란 꽃이 봉긋하게 매달려 있다. 모든 게 그러하지만 이 나무의 꽃은 관심 없이 도저히 만날 수 없을 정도로 소박하고 은근하다. 더군다나 이미 나와 있는 나뭇잎에 가려 뽐내려 해도 여건이 성숙되어 있지 않다. 백합나무의 꽃을 볼 수 있는 사람은 그리 많지 않다. 그 연한 색상에서 번지는 고운 심성을 어찌 말로 설명할 수 있을까.

백합나무 겨울 숲의 정갈함처럼 꽃도 안쪽의 주황색 무늬로 우아함과 품위를 지녔다.

백합나무의 생존 본능은 비행에 있다

그 곱고 정갈한 꽃이 수분에 성공하여 열매를 맺는다. 그리고 기어코 열매를 터뜨리고 숱하게 많은 씨앗들은 바람을 타고 멀리 비행하기 시작한다. 가을바람과 겨울바람 앞에 이리저리 쓸려 가면서 씨앗들이 길바닥에 몰리기도 한다. 좋은 밭에 떨어지면 싹이 튼다. 일부러 파종하여 가꾸는 방법도 가능하다. 그러는 동안에도 나무 꼭대기 높은 곳에서는 여전히 열매가 터져 있고, 바람이 그 터진 열매를 바스러질 때까지 말리고 있다. 더 떨어질 씨앗이 남아 있지 않건만 습한 것을 용서할 수 없어 아직도 말리고 있다.

백합나무 겨울 풍경은 단아하고, 줄기는 곧게 자라 단정하다.

도심의 이산화탄소 흡수량이 탁월한 나무

나무 줄기 역시 많이 터져 있다. 겨울 추위에 너무 노출되었다. 그러니 겨울눈은 장하고 대견하다. 하늘을 배경으로 만들어 내는 튤립나무의 잔가지와 아직 열매 껍질로 남아 뭉툭해진 풍경이 제법 넋 놓고 오래도록 쳐다보게 하는 힘을 지녔다. 좋은 나무의 미끈한 키 위로 하늘이 근사하다.

최근 도심 도로의 이산화탄소 흡수율이 높은 수종을 조사한 것에 의하면 이산화탄소 흡수량이 백합나무(99.1)가 가장 높았다. 화화나무(67.8), 양버즘나무(54.1), 칠엽수(54.0), 상수리나무(51.0), 은행나무(39.7), 느티나무(38.8), 메타세쿼이아(35.5)와 비교했을 때 그 절대치가 가장 높았다. 생장속도가 빠르고 이산화탄소 흡수량이 많은 나무인 것이다(김태진. 도로 이산화탄소 저감을 위한 가로 수종 선정 및 식재 기준 연구. 한국산림휴양학회지, 17(1), 131~144.).

백합나무, 햇살 한 줌을 줍다

목백합나무 큰 키로 오래된 붉은 벽돌 단층 슬래브 건물, 인적 접은 옥상 사각조 슬라브를 내려 본다. 졸음 가득 눈 떠지지 않는 아이에게 지난밤은 울울창창鬱鬱蒼蒼 하였겠다. 앞선 줄에서 일곱 그루로 선명한 밝은 녹색 몸집으로 작은 바람에도 마음 약하게 흔들리는 위용은 볼 만하다. 여주자영농업고등학교의 어학실, 미술실, 음악실로 별관은 백합나무로 단출하여 아담해졌다.

동향의 건물 서쪽을 숲으로 조성하여 중심 광장을 더욱 밝게 한다.

> 앞 줄에 이어 뒤로 세 줄이 함께 붙들려 있으니 숲이라 하겠다
> 건강한 미인을 닮은 숲
> 햇살 조금이라도 찬란할 때
> 어김없이 백합나무숲에서 서로 손 내밀며
> 나뭇잎 현란한 빛으로 눈부시게 되새긴다
> 햇살 숨을 때
> 언제 그랬냐고 잊게 해 주는 순간 미학을
> 살랑대며 착시처럼 엉겨 붙는다
> 붉은 벽돌 사각조 슬라브 단층 높이에서
> 더 먼 시선을 세상 밖으로 발돋움 한 채
> 숲에서 재잘되는 새에게 시선을 넘긴다

백합나무는 자연발아도 가능하다. 숲을 만드는 기간이 매우 빠르다.

백합나무숲을 지켜보는 일은 든든하다

늘 백합나무 함께 일 때 얼마나 든든한지 모른다. 사람도 삼삼오오 튼튼해지는 조합을 이룰 때 현기증 나게 근사해지는 그런 경험처럼 말이다. 백합나무 햇살에 눈부실 때 함께 걸어도 빛이 난다. 백합나무 그늘에 모여 얼굴 맞대고 이야기할 때 백합나무 잎 떨리는 소리는 천상의 음악처럼 아득하다. 낮은 탁자 둘러 앉아 잘 익어 누룩 내 짙은 낙엽의 풍경, 아름다워 그윽하도록 행복해지는 이치겠다. 백합나무 큰 키, 멀리 지켜보는 맛만으로 매일 감격인데, 저 숲 안을 매만지는 지렁이, 개미, 장수풍뎅이, 사슴벌레들은 또 얼마나 매일 지치지 않게 행복할까.

황벽나무
맑은 얼음을 마시고 청고清苦한 생활을 추구하는 나무

황벽나무의 목질과 나이테는 순하여 맑게 보인다.

학　명_ *Phellodendron amurense* Rupr.
영문명_ Amur Corktree

자신을 아낌없이 베푸는 나무

황벽나무, 씨앗으로 가꾸어 찻상을 만들다

황벽나무 찻상 풍경, 기어코 황벽나무 찻상을 만들어 늘어놓는다. 내가 만든 서툴고 거친 찻상은 어머님 기일에 모인 가족들이 가지고 싶어 해 흔쾌히 나누어 주었다.

좀 더 손질하면 예쁘게 사용할 수 있을 것이다. 사실은 이 모든 것이 제재소에서 두 번 켜고, 켜켜 쌓아 말린 후 몇 달의 손길을 거쳐 만들어진 것이다. 내 손보다야 훨씬 나은 장인의 손을 빌린 것은 그나마 두께가 어느 정도 소용되어야만 하는 것들이다. 그런 것들로 소용되는 나무는 10여 개 정도였다. 이들은 목공소 맛을 보고 돌아왔다.

내가 씨뿌려 기른 황벽나무로 작은 찻상 하나 만들다.

땅을 돌려달라고 하여 벌채할 수밖에 없었던 나무

오대산에서 채종한 황벽나무 씨앗을 파종하고, 땅을 얻어 묘목을 길렀다. 그리고 옮겨 심어 가꾸었다. 그러다 땅을 내 주어야 하는 상황에서 벌목하였다. 뭔가 의미있는 소용이 될 수 있게끔 궁리하였다. 알아보니 목공소에서는 기계 대패를 사용할 수 있는 두께여야만 켜 줄 수 있다고 한다. 몇 군데 오가며 알아보다 아는 사람을 통하여 여주 이포에 있는 목재소를 만났다. 겨우 사정을 해서 켠 나무를 켜켜이 쌓아 두었다가 수원의 개인 목공소에 맡기는데 6개월이 넘게 소요되었다.

얇아서 목공소에서 사용할 수 없다는 것들은 챙겨서 가져왔다. 이제 내 손으로 작은 찻상을 만들어 사용할 수 있도록 정성을 지녀야 한다. 몇 가지 목공 기구와 기계를 갖췄다. 조금씩 시간을 쪼개 만들었다.

황벽나무 판목을 겉대어 앉은뱅이 책상에 붙이다

그러다가 여러 개를 펼쳐 앉은뱅이 책상을 만들기로 하였다. 황벽나무만으로는 곤란하여 안감으로 다른 나무를 대고 겉감으로 황벽나무를 입히는 형식을 생각해 냈다. 그렇게 서랍까지 넣어서 만든 황벽나무 책상은 차도구를 올려놓는 찻상으로 사용하고 있다. 황벽나무라는 이름만 들어도 괜히 호사하는 것 같이 즐거운 마음으로 입이 벙글어진다. 호사취미가 하나 더 생긴 것이다.

1987년 가을, 오대산에서 종자를 채취하여 파종하여 얻어 낸 목재이니 작은 찻상과 앉은뱅이 책상까지 20년이 걸린 셈이다. 20년만에 벌채하여 뭔가를 만들어 곁에 둔 기분은 함께 채종에 나섰던 몇 사람은 알 것이다.

오래 전부터 재배된 황벽나무의 가치에 관심을 집중하다

처음에는 자생 수목으로서의 가치를 높이 사서 재배하기 시작한 나무이다. 사실 호랑나비, 산제비나비 등의 알에서 생긴 애벌레 먹거리로서 황벽나무의 잎은 얼마나 좋은 친구인가.

황벽나무는 자신의 일부를 나눠 주고, 애벌레는 그곳에 고치를 짓는다. 한 달 정도 이 과정을 거쳐 변신에 성공하면 나중에 고치에서 우화하기 시작한다. 그야말로 나고 낳고 쉼이 없는 생생불식生生不息의 순환이다. 황벽나무의 열매 또한 새들에게 귀중한 것이다. 유난히 벌레가 많다는 것은 그만큼 생명 있는 것들이 깃들어 생활을 윤택하게 할 수 있다는 증거이다.

나고 낳고 쉼이 없는 생생불식 生生不息의 순환을 보여주는 황벽나무

궁궐 후원의 약용식물이면서 인격 수양의 빙벽

조선시대 궁궐 뒤쪽 후원은 휴식공간이면서 과수원이었고, 양잠원이면서 약용식물원이었다. 실용적인 구성이다. 약용을 목적으로 심은 것이 엄나무와 황벽나무 따위이다. 황벽나무의 속껍질을 약용과 염료로 오래전부터 재배하였다.

황벽나무의 줄기의 속껍질을 황벽 또는 황백이라고 한다. 연한 황색을 띠고 있지만 건조를 하면 노란빛이 많이 첨가된다. 국산이 노란빛이 강한 반면에 중국산은 껍질이 두꺼운 편이며, 전체적으로는 노란 빛이나 붉은색을 함유하고 있어서 색깔에 차이가 있다.

『목은집』에는 '빙벽氷蘗'이라는 표현이 자주 나온다
"차가운 얼음을 마시고 매우 쓴 황벽나무를 먹는다"는 뜻이다
대단히 맑게 살고자 하는 자신을
고통스럽게 채근하는 모습이 그려져 있다

『목은시고 제2권』에는
"얼음보다 맑고 황벽보다 쓰디쓴 생활壺氷讓清蘗讓苦"
이라는 싯구가 있다
이것은 빙벽을 아예 풀어 쓴 싯구이다
사람의 청고淸苦한 생활을
"맑은 얼음을 마시고 쓰디쓴 황벽나무를 먹는다."
고 표현하고 있다

황벽나무 줄기의 속껍질을 약 또는 염료로 사용한다.

알게 모르게 자신을 아낌없이 베푸는 나무

황벽나무는 알게 모르게 자신을 아낌없이 베푸는 나무이다. 심어 놓았던 밭을 비워 주어야 하는 입장에서 제 스스로 그 밭에서 자란 황벽나무를 베어 여기까지 데리고 왔으니, 씨앗을 채취하여 여태까지 기른 내 자신에게도 성

의를 다한 셈이고, 황벽나무의 위대한 보시에도 최선을 다해 예의를 갖춘 셈이다.

평생을 곁에 두고 차를 마실 때마다 마주할 이 아름다운 인연을 어찌 끊을 수 있겠는가. 그 어떤 찻상이 이보다 좋을 수 있겠는가. 싫증이 난다고 하여 내칠 방안 또한 있을 수 없는 그런 찻상으로 내 앞에 놓였다.

황벽나무 작은 찻상에 찻물로 그림을 그리다

오래도록 찻물이 들어 울긋불긋 그 안에서 또 찻물 든 꽃을 피울 수 있을 것을 상상해 본다. 일부러 찻물이 흐르면 찻잔 바닥으로 이리저리 긁어 주면서 전체적으로 곱게 물들게 하여야 한다는 지인의 말에 나는 동의하지 않는다. 그때마다 흐르는 흔적대로 제 멋대로 찻물이 들어, 그 보기 싫을 수 있는 무늬에서 꽃도 보고 열매도 보고 살아 있을 때의 황벽나무를 찾았던 나비도 보고 새의 그림자도 볼 수 있기를 끝내 희망하고 만다. 검은색으로 익는 둥근 열매는 겨울 내내 달려 있어 새들의 먹이로 훌륭한 역할을 한다.

검정 둥근 열매는 관상가치는 떨어지지만 새의 먹이로는 훌륭하다.

어느 순간 나도 모르게 황벽나무와 질긴 인연으로 얽혀 있다. 어쩌면 황벽나무가 나를 끌어 당겼는지도 모른다. 아무튼 황벽나무는 찻상으로 만들어져 평생지기로 함께 살아갈 것임에는 틀림없다. 가장 멋진 친구로 거듭 태어난 내 친구 황벽나무를 한번 더 쳐다본다. 서로 다정하게 눈인사를 나눈다. 오늘 새벽에도 뜨거운 차를 우려 따뜻한 체온을 나눈 셈이다.

황벽나무는 밀원식물로 매우 훌륭한 나무이다

양봉을 하는 사람들은 밀원식물을 심기는 하는건가. 내가 심어 놓은 밀원 좋은 나무가 있을 때, 양봉을 하는 기본 자세가 성립되는 것이 아닐까. 남이 심은 나무의 밀원만 쫓아다니는 양봉은 계면쩍은 일일텐데. 그런 생각을 하기는 하는 걸까. 벌을 이용하여 꿀을 생산하는 것 자체도 손떨리는 일인데, 밀원식물이 되는 나무를 이 국토 어딘가에는 심어 놓아야 양봉하는 사람이라고 할 수 있지 않을까 싶다.

황벽나무의 잎 표면은 진한 녹색으로 광택이 있지만 가을 단풍은 노란색으로 볼 만하다. 초여름 꽃은 황록색으로 작아서 눈에 보이지 않지만 밀원식물로 벌과 나비와 곤충에게 유용하다.

잎 표면은 진한 녹색이고 황록색 꽃은 작아서 잘 보이지 않지만 밀원식물로 유용하다.

줄기는 곧게 자라고 굵은 가지가 사방으로 넓게 퍼져 옅은 그늘을 만든다. 수피에 두꺼운 코르크층이 발달하여 세로로 굵고 깊게 갈라진다. 품질이 좋다. 토심이 깊은 곳에서 잘 자란다.

줄기의 코르크층이 세로로 굵고 깊게 갈라진다. 품질이 좋다.

회화나무

학자수라 이름 지어진 벼슬 높은 나무

콩과 식물인 회화나무의 잎 모양

학　명_ *Sophora japonica* L.
영문명_ Chinese Schola Tree

여름의 연한 노란색 꽃은 선비의 꽃

'1989년, 이천'

기억에는 엊그제 같은데 따져 보면 오래된 이야기이다. 이천농업고등학교에서 근무할 때다. 설봉중학교라는 신설 중학교가 만들어졌고, 그 학교 교감선생님이 학교의 교화와 교목을 선정하기 위하여 나를 찾았다. 나는 그때 자생식물연구회를 만들어 활동하고 있었다. 임학박사, 한의사, 스님, 그리고 몇몇 사람들과 옻나무연구회도 함께 시작했다. 활동은 미미했지만 의식과 목표는 분명하였다.

사용하는 조경수목의 종류가 적은데도 다양한 자생 수목을 조경수로 개발해야 한다는 당위성만 앞서고 있는 실정이었다. 직접 수목의 종자를 채집하여 파종한 후 언제가 될지 모르는 그 일의 실천에 나서야 했다. 그렇게 여기저기, 이산저산 계획을 세워 종자를 수집하여 씨를 뿌렸고, 재배 관리를 하던 때였다. 그 교감선생님에게 학교의 교목과 교화는 자생 식물로 해야 한다고 주장했다.

다행히 의기투합되어 현란한 색깔의 영산홍, 자산홍을 제쳐 두고 자생철쭉인 산철쭉을 교화로 삼았고, 학자수라 부르는 회화나무를 교목으로 정했다. 회화나무 노란 꽃이 피니 과거 응시생들 바쁘겠다는 말처럼 학교에 근사하게 어울리는 교목이었다.

1989년의 일이다. 지금 그 학교의 울타리에 아직도 회화나무가 왕창 커서 있을 것이다. 학교 홈페이지에는 교화로 '철쭉꽃', 교목으로 '회화수'라고 되어 있다. 이름을 분명하게 불러 주어야 한다. 교화는 산철쭉, 교목은 회화나무라 해야 옳다.

설봉중학교 개교 당시의 회화나무

나는 되레 설봉중학교 울타리 주변에 심은 회화나무를 계절마다 들락거리며 사진을 찍었다. 심은 지 얼마 되지 않아 꽃과 열매까지도 가깝게 바라보며 관찰할 수 있었던 그 순간의 즐거움이 폐부에서 다시 살아난다. 단침이 고인다. 종자를 채취하고 파종하여 길러 낸 그때의 나무들도 이미 조경수로 이용되어 곳곳에서 장년의 나이를 넘기고 있다.

회화나무의 꽃

학자수라 이름지어진 벼슬 높은 나무

회화나무는 씩씩한 기상이 있고
바탕과 성품이 기품으로 가득하다
우람하고 거대하며 남성적이다
자라는 방향과 가지뻗음이 제멋대로 멋스럽다
그래서 선비의 기개에 빗대어 말하기도 한다
생김새가 함부로 지레 짐작되지 않는다
주어진 환경에 따라 마음 내키는 대로 자란다

회화나무는 학명이 *Sophora japonica*이며 콩과의 낙엽교목이다. 모양이 둥글고 온화하여 중국에서는 높은 관리의 무덤이나 선비의 집에 즐겨 심었기 때문에 학자수學者樹(Chinese scholar tree)라 불린다. 우리나라에서는 중국을 왕래하던 사신들이 들여와 향교나 사찰 등에 심었다. 학명의 *Sophora*와 영명인 Chinese Scholar Tree에서 이 나무가 학문적인 어떤 분위기와 맥을 함께 하고 있는 것은 분명하다. 중국에서는 매우 귀한 대접을 받으며 주로 선비들이 서당이나 서원에 즐겨 심었다고 한다.

우리나라에서도 궁궐이나 오래된 고가에서 이 나무의 고목을 많이 볼 수 있다. 선비에게 꼭 필요한 나무로 쉬나무와 회화나무가 있다고 한다. 회화나무로는 웅장한 기개와 품위를 배웠고, 쉬나무로는 열매에서 짠 기름으로 등불을 밝혀 글을 읽을 수 있었기 때문이다.

회화나무의 꽃이 위쪽에서 피면 풍년이 오고, 아래쪽에서부터 피면 흉년이 든다는 믿음도 있다. 꽃이 많이 피면 그해에 풍년이 들고, 적게 피면 흉년이 든다는 전설도 있다. 또한, 마을의 안녕과 풍년을 비는 제사를 올리기도 한다.

농촌진흥청에서 발간한 『규합총서의 전통생활기술집』에 보면 민간요법-

잡방-잡저에 자명괴自鳴槐를 만드는 방법이 나온다. 회화나무 꽃이 막 피려고 할 때 한 송이도 허실치 않게 여러 합에 넣는다. 밤에 자지 말고 지켜 그릇 가운데 은밀히 소리 나던 그릇의 괴화를 또다시 여러 합에 담는다. 밤마다 이와 같이 하기를 여러 날 하여 마침내 한 송이씩 나누어 소리 나는 괴화를 찾아 삼키면 스스로 영통하여 천상과 인간지사를 알게 된다. 그러니 회화나무는 우리 선조들의 기원수이며 상징수이자 기념수로 늘 가깝게 대했던 나무임을 알 수 있다.

회화나무의 꽃은 수궁괴守宮槐라 하여 약재로 사용하는데, 효능은 양혈청열凉血淸熱이라 하여 혈분血分에 사열邪熱이 성한 병증을 성질이 찬 약으로 열열을 내리고, 살오장충殺五臟蟲이라 하여 오장五臟의 기생충을 없애는 효능, 청간사화淸肝瀉火라 하여 간열肝熱을 식혀 주며 화火의 기운을 밖으로 빼내는 효능이 있다고 하였다.

온양 행궁의 영괴대비靈槐臺碑

유네스코 세계기록유산으로 동록된 일성록은 정조가 세손 시절의 일상생활과 학업성과를 기록한 존현각 일기에서 비롯되었다. 유네스코한국위원회에 의하면 영조 즉위 36년(1760년)부터 경술국치가 일어난 순종 4년(1910년)까지의 국정 전반을 기록한 왕의 일기이다.

일성록의 정조 19년(1795년) 10월 19일의 기록을 보면 온양 행궁의 영괴대비靈槐臺碑에 관련한 이야기가 나온다. 영괴대비의 앞면에는 '영괴대靈槐臺'라는 석 자가 새겨져 있고, 뒷면에는 정조가 직접 지은 '어제영괴대명御製靈槐臺銘'이 새겨져 있다. 사도세자가 1760년(영조 36)에 온양 행궁에서 활쏘기를 하고 사대射臺에 그늘이 없음을 안타깝게 여겨 회화나무 세 그루를 심었다는 내용이다. 효심이 지극한 정조에게 사도세자의 행적은 참으로 소중한 것이었다. 이에 대하여 조목별로 나열하여 보고하게 하고, 그 사실을 비석에 기록하여 대 옆에 세우라고 하교한 것이다. 아버지 사도세자의 모든 것이 정

창덕궁 회화나무와 영괴대 회화나무(국립중앙박물관, 왕의 글, 어제가 있는 그림)

조에게는 고마움이고 더없는 진실이며 그리움인 것이다.

그러나 지금은 온양 영괴대의 회화나무는 느티나무로 바뀌었다. 아마 회화나무보다 쉽게 구할 수 있는 나무가 느티나무였기에 식재된 것이 아닐까 싶다. 지금이라도 회화나무로 교체하는 것이 바람직하다.

창덕궁 돈화문 안의 회화나무

「주례周禮」에 따르면 외조外朝는 왕이 삼공과 고경대부 및 여러 관료와 귀족들을 만나는 장소로서 그 중 삼공의 자리에는 회화나무槐를 심어 삼공 좌석의 표지로 삼았다고 한다. ('면삼삼괴삼공위언面三三槐三公位焉〈「주례(周禮)」, 추관(秋官), 조사(朝士)〉')

창덕궁 회화나무가 궁궐 앞에 식재된 것도 맥락을 같이한다. 돈화문 안마당 좌우에서 자라는 8그루 모두 천연기념물 472호로 지정했다. 1820년대 중반에 제작된 「동궐도東闕圖」에도 회화나무는 노거수로 그려져 있다.

(위)일제 강점기 온양 영괴대에 심겨진 느티나무 (아래)현재 온양관광호텔 앞의 영괴대 느티나무

이익은 『성호사설』에서 『주례』, 「추관秋官」의 '조사'를 인용하고, 이어서 '소사구'의 직임을 "외조外朝의 정사를 관장하는 것이니, 모든 백성을 오게 하여 그들의 의견을 묻는 것이다. 첫째는 나라의 위험함을 묻고, 둘째는 나라를 옮기는 것에 대해 묻고, 셋째는 임금 세우는 것에 대해 묻는다. 각자의 위치는 임금은 남쪽을, 삼공 및 주장과 백성은 북쪽을, 여러 신하는 서쪽을, 여러 이吏는 동쪽을 향하는데, 많은 사람의 의견을 들어 임금을 보좌하여 임금이 그 중 좋은 의견을 따르게 한다."라고 했다. (백성에게 물어라, 순민詢民 |『성호사설』「제18권」, '경사문')

제도적으로 백성들이 말할 수 있는 언로를 보장하고 있다는 것을 재확인한 것이다. 백성의 처지와 나라의 안위, 중대한 국사 등에 참여하는 이 제도를 이익은 옛 성인의 빈틈없고 치밀한 제도라고 높이 평가하였다. 그러나 후세에 권력에 빌붙은 측근이 독재를 하여 백성의 좋은 생각이 정치하는 사람에게 전달될 길이 없었다고 탄식하여 말한다. 여기 외조의 정사를 관장하는 곳에 회화나무 세 그루의 자리가 있는 것이다.

학교에서 재배된 회화나무를 구입하고자 찾아온 이는 아는 사찰에 회화나무를 보내고자 한다며 예전에 회화나무를 사찰에서 많이 심었다는 이야기를 한다. 하기야 조계종의 본산인 조계사에도 400년 된 수령의 회화나무가 있다. 보통 회화나무를 유교의 상징으로, 보리수나무를 불교의 상징으로 말하기도 한다. 그렇지만, 사찰에도 학승과 선승이 있고 기술승이 있었으니 회화나무 역시 학승의 분위기와 잘 맞아 떨어진다. 다만, 요즘의 사찰에는 기술승이 없는 게 못내 아쉽다. 모두 학승이고 모두 선승이다.

개미굴의 영화도 모름지기 잠깐

회화나무의 한자는 槐(홰나무 괴)이다. 공해에 강한 나무로 가로수나 공원수로도 활용되며, 목재는 가구재로 이용한다. 동의보감에서는 괴실(열매), 괴지(가지), 괴백피(속껍질), 괴교(진), 괴화(꽃)의 순으로 회화나무의 약용을 설

창덕궁 회화나무 주차장과 돈화문 앞

명하고 있다. 꽃봉오리를 괴미槐米라고 하는데, 노란색 계통의 블라보노이드 성분의 루틴 함량이 이때 가장 높고 꽃이 핀 다음에는 낮아진다. 부푼 꽃봉오리를 따서 방안에 놓아두어 수분을 날려 보내면 꽃을 딴 지 24시간에 루틴 함량이 가장 높아진다(『약초의 성분과 이용』, 과학백과사전출판사편).

괴화는 동맥경화 및 고혈압에 쓰고 맥주와 종이를 황색으로 만드는 데 쓴다. 괴화의 노란색 색소인 루틴으로 물들인 종이를 괴황지槐黃紙라 하여 부적을 만드는 종이로 사용했다.

『산림경제山林經濟』, 「卜居」에서는 "주택 동쪽에 버드나무를 심으면 말에게 유익하고, 주택 서쪽에 대추나무를 심으면 소에게 유익하며, 중문中門에 회화나무를 심으면 삼대가 부귀하고(中門有槐 富貴三世), 주택 뒤에 느릅나무가 있으면 백귀百鬼가 감히 접근을 못한다."고 했다.

회화나무는 덧없는 인생을 비유하는 말에도 등장한다. 『다산시문집』, 「제2권」, 《시詩》의 '절에서 밤에 석문 신 진사와 함께 연구를 짓다寺夜同石門申進士聯句'를 보면 '수유의혈영須臾蟻穴榮'이란 시구가 있다. 개미굴의 영화도 모름지기 잠깐이라는 뜻이다. 남가일몽南柯一夢의 또 다른 표현이기도 하다. 당 나라 이공좌李公佐가 지은 《남가기南柯記》에서 나온 말로, 순우분淳于棼이란 사람이 꿈속에서 괴안국槐安國에 가서 공주에게 장가들어 남가태수南柯太守를 지내는 등 온갖 부귀영화를 누리고 깨어나 주위를 둘러보니 마당가 회화나무 밑둥의 개미굴이 꿈속에서 찾아갔던 괴안국이었다는 것이다.

덧없는 인생을 깨우치는 회화나무는 늘 꿈을 꾸는 듯 높고 우람한 자태로 하늘을 이고 산다. 회화나무가 꽃피는 한여름의 운치는 비밀스럽다. 아주 커 쳐다보기 힘든 고목이 아니라 나이 많지 않아 눈높이에서 꽃을 볼 수 있는 크기의 회화나무 가로수라면 어떨까. 그 밑을 걸으면서 가지에 매달린 연노랑과 땅에 떨어진 꽃 잔치 사이를 갈등하는 것은 스스로 자신에게 깨어 있는가를 묻는 시간이 되지 않을까. 홀로 걷는 즐거움과 깨어 있는 각성을 촉구하는 회화나무 꽃비에 젖어본다.

4

"강건하게 보살피는 의리"

굴거리나무 / 개비자나무 / 사철나무 / 백송

백송을 군식으로 식재하여
학교 전체 분위기를 휘감으며
청정한 기운이 바람을 타고
정서적 안정과 학생들의 꿈의 실현을 도울 수 있는
명상의 정원을 시도한 것이다
백송은 개별성을 가진 독특한 나무로
넓은 공간을 차지하며 위용 있는 나무로 성장한다
그러나 수원농생명과학고등학교의 백송 명상 정원은
개체가 아닌 전체의 나무가 큰 덩어리로서 위용을 세우고자 하였다
세월이 지나면 가장자리와 안쪽의 개별적 성장 상태는 다르겠으나
전체적으로 균형잡힌 백송 군락지로서의 역할을 기대하기 위함이다

굴거리나무
폭설 속에서 얼은 듯 애태우는 나무

겨울 흰눈 속에 만나는 굴거리나무의 모습은 측은지심을 불러일으킨다.

학　명_ *Daphniphyllum macropodum* Miq.
영문명_ Macropodous Daphniphyl-lum

겨울 한라산을 오르며

폭설 속에서 얼은 듯 애태우는 나무

겨울 한라산을 등산할 때
숲 속에 잎이 얼어 처져 있는 나무를 볼 수 있다
힘든 산행길에서 심정적으로 자주 눈길이 간다
그도 힘들어 보이고 나도 힘들어 보인다
소지는 굵으며 녹색이지만
어린 것은 잎자루가 길고 붉은빛이기에 잘 보인다
잎은 긴 타원형이다
끝이 뾰족하며 가장자리가 밋밋하다
잎 뒷면은 회백색이며 털이 없다
성판악으로 길고 지루한 산행을 하다 보면
굴거리나무가 길옆에서 지속적으로 출현한다

겨울 한라산의 폭설과 만나는 식생들

굴거리나무를 쭈욱 보면서 올라가면 이제는 제주조릿대의 왕성한 행렬을 만난다. 폭설 속에서 굴거리나무는 잎이 얼은 듯 애태우지만 제주조릿대는 마냥 싱싱하다. 제주조릿대가 한라산을 점령할 듯, 군락지의 위세가 크다. 그러면서 구상나무를 만난다. 구상나무가 눈을 뒤집어쓰고 있는 모습은 예술이다. 하얀 눈과 햇살에 반짝이는 눈 사이에서 굴거리나무의 고운 잎이 선명하게 그어져 있다.

굴거리나무는 굴거리나무과로 분류한다

굴거리나무는 좀굴거리나무와 함께 굴거리나무과 Daphniphyllaceae의 굴거리나무속 Daphniphyllum에 분류되어 있다. 좀굴거리나무 Daphniphyllum glaucescens Blume는 전남 대둔산, 제주도의 해발 200m 이하의 바닷가에서 자란다.

잎 길이가 굴거리나무의 잎보다 짧으며, 잎맥과 잎맥 사이의 거리도 굴거리나무는 10~15mm인데 그보다 좁은 5~8mm이다. 열매도 굴거리나무의 열매보다 더 검은색으로 익는다. 물론, 재배식물인 무늬굴거리나무도 있다. 예전에는 대극과에 속해 있었으나 따로 분류한 것이다. 따뜻한 곳에 자라는 상록활엽소교목이지만 비교적 내한성이 있어 충남 안면도, 전북 내장산까지 올라와 자란다.

어린가지는 굵고 붉은색을 띠며 자라면서 녹색이 된다. 잎은 가지 끝에 모여 나고 어긋나게 달리며 긴 타원형으로 두껍다. 표면은 녹색이고 뒷면은 회백색으로 털이 없다. 특히, 붉은 색의 잎자루가 특징으로 그 길이가 무려 3~4cm나 되어 치렁치렁하게 매달려 있다.

잎자루가 붉은색이어서 잎의 짙은 녹색과 강렬하게 대비되어 아름답다.

열매는 검푸른 흑자색으로 흰색 분가루가 덮여 있다

　암수딴나무이고 전년지의 잎겨드랑이에서 녹색 꽃이 핀다. 새잎과 묵은 잎 사이에서 꽃잎이 없이 뭉쳐서 핀다. 관상가치보다는 종족의 보존에 충실한 역할을 한다. 열매는 지름이 1cm 정도로 검푸른 흑자색으로 익는데, 표면에 흰색 분가루가 덮여 있어 독특한 모양을 보여 준다.

열매는 흑자색으로 익고 표면에 흰색 분가루가 덮여 있다.

관엽식물을 대체할 수 있는 수종이다

　굴거리나무란 이름은 이 나무가 굿을 하는 데 이용되어 굿거리 나무가 굴거리나무로 변한 것이라고 한다. 남부지역에서 정원수로 이용하는데, 고무나무 같은 외래 관엽식물을 대체할 만한 수종으로 유망하다. 이때 건조한 것을 싫어하므로 관수에 신경 써서 관리해야 한다. 굴거리나무속 나무들은 날개물결가지나방을 포함한 나비목 애벌레의 먹이로 쓰이므로 함평 나비축제에 가면 종종 볼 수 있다.

　굴거리나무는 음수이며 비옥한 양토 또는 사질양토에서 잘 자라고 건조와 추위에 약하다. 그러니 제주의 눈 내린 겨울의 굴거리나무는 보는 이로 하여금 애타게 하고도 남음이 있다. 주로 실생과 삽목으로 번식하며 가을에 익은 열매를 노천매장하였다가 이듬해 봄에 파종하여 개체를 증식시킨다.

새잎과 묵은 잎 사이에서 꽃잎이 없이 뭉쳐서 핀다.

남부지방의 정원수와 실내 조경 식재 수종으로 좋다

굴거리나무는 조경설계를 할 때 주의해야 한다. 중부지방의 식재설계에 굴거리나무를 선정하면 안 된다. 중부지방에서 월동할 수 없다. 무엇보다도 붉은색 잎자루에 반짝거리는 길쭉한 잎이 보기 좋다. 내가 아는 수목원 답사 회원은 붉은 잎자루의 느낌을 마치 홍학을 보는 듯하다고 표현했다. 아름다운 느낌이고 표현이다.

잎이 풍성하고 수관이 단정하여 수형 자체가 아름답다. 나이 든 나무일수록 운치가 돋보인다. 정원수와 가로수로도 이용되고 있다. 물론, 실내조경식물로도 대단히 유망하다.

굴거리나무는 맹아력이 없어 전정하면 약해지고 죽기 쉽다. 빽빽한 가지 정도를 솎아 주는 선에서 아주 조심스럽게 전정을 마쳐야 한다. 나무의 수피 또한 벗겨지기 쉬워 이식 등 취급에 주의해야 한다.

어린가지는 붉은빛이 돌고 잎이 비교적 빽빽하여 단정한 수관을 가진다.

맹아력이 약하니 전정은 가급적 조심한다

굴거리나무의 뿌리와 종자를 『중국본초도감』에서는 교양목交讓木이라 부르는데, 새잎이 난 뒤에 지난해의 잎이 떨어지는 현상을 두고 교양 있게 자리를 물려 주고 떠나는 모습을 말한 것이다.

안면도 중장리에 천연기념물 제137호인 굴거리나무 군락지가 있었지만 가치가 상실되어 지정 해제되었다. 내장사 앞에 있는 산봉우리로 올라가는 곳에 있다. 그 지역에서는 만병초라 하여 신경통의 약제로 쓰이고 있다. 또, 선인봉에서 샘터 사이에는 가슴 높이 둘레 20㎝, 수고 약 9m의 군락이 있고, 내장사에서 해발 300m의 전망대 사이에도 굴거리나무가 단풍나무 군집과 함께 군락을 이루고 있다. 내장산 굴거리나무 군락은 굴거리나무가 자생하는 북방한계지역이라는 학술적 가치가 인정되어 천연기념물 제91호로 지정·보호하고 있다.

『한국 약용 식물 사전』에는 "잎과 나무껍질에서 알칼로이드가 알려졌는데 (0.05%) 주성분은 다프니필린, 유주리민 등이다. 잎에는 이리도이드배당체와 플라보노이드인 루틴, 쿠에르세틴 등이 있다."고 기술하였다. 한방에서 잎과 줄기 껍질을 늑막염, 복막염, 이뇨에 쓰며, 민간에서 잎과 수피를 끓인 즙을 구충제로 쓴다.

개비자나무
방향을 예측할 수 없는 자유로운 감성을 지닌 나무

개비자나무는 자유분방하다. 구애받지 않는 제멋대로의 멋스러움을 지녔다.

학 명_ *Cephalotaxus koreana* Nakai
영문명_ Korean Plum Yew

뿌리를 나누면서 친해지는 나무

개비자나무를 보면 공간에 대한 새로운 각도가 생긴다

개비자나무의 학명은 *Cephalotaxus harringtonia* (Knight) K.Koch이다. 비자나무는 바늘잎이 좌우로 줄지어 달려 있는데, 이것이 한자의 아닐 비(非)와 비슷하다고 하여 붙여진 이름이다. 비자나무보다 못하다는 뜻으로 '개'자가 붙었다. 그렇지만 울타리로 모아 심으면 한 공간을 완벽하게 생동감 있는 장소로 탈바꿈시킨다. 군식이나 모아심기를 하면 굉장히 멋지다.

비자나무와 개비자나무는 식물분류학적으로 다르게 분류된다. 개비자나무는 개비자나무과(Cephalotaxaceae)에 딸려 있는데 반해 비자나무는 주목과(Taxaceae)에 속한다. 또한, 비자나무가 물렁물렁한 3mm 정도의 종의種衣(씨옷)를 가지는 반면, 개비자나무는 씨옷을 가지고 있지 않다. 개비자나무의 씨를 둘러싸고 있는 부분은 바깥씨껍질의 표면껍질이다. 두 나무의 열매 모두 먹을 수 있지만 이용의 범위는 비자나무의 열매가 개비자나무의 열매보다 폭넓다.

개비자나무와 비자나무 vs 개비자나무와 주목

뿌리에서 움이 많이 나오기 때문에
이 움을 잘라서 다시 심으면 개체가 늘어난다
뿌리삽목이 잘되는 나무다
잎을 잘 보면 쉽게 나무를 식별할 수 있다
개비자나무와 비자나무는
잎의 모양이 매우 비슷하다
구별은 손바닥을 펴서
잎의 끝부분을 눌러 보았을 때
딱딱하여 찌르는 감이 있어 아프면 비자나무
반대로 찌르지 않고 부드러우면 개비자나무이다
개비자나무는 비자나무에 비해 잎의 길이가 길며
잎 앞면의 중앙맥이 튀어나오는 특징이 있다
비자나무는 잎 뒷면 주맥만 튀어나오지만
개비자나무는 잎 양면의 주맥이 모두 튀어나와 있다

개비자나무와 주목을 구별하는 방법은, 개비자나무는 깃털처럼 가지에 두 줄로 마주나게 달리며 규칙적으로 배열하고, 주목은 불규칙하게 두 줄로 배열하며 끝이 갑자기 뾰족하고, 표면이 짙은 초록빛이며, 잎이 비자나무의 잎에 비해 다소 부드럽다. 비슷한 종 가운데 잎이 나선 모양으로 배열하는 것을 선개비자나무(var. *fastigiata*), 뿌리에서 새싹이 돋는 것을 눈개비자나무(var. *nana*〉)라고 한다.

개비자나무는 잎자루가 없고 참빗을 닮았다.

암꽃송이는 위에, 수꽃송이는 아래에 모여 핀다

개비자나무의 잎은 선형이다. 길이 4cm 정도의 잎이 두 줄로 나란히 달려 깃털 모양이 된다. 움돋이로 나온 맹아의 것은 훨씬 더 크다. 마찬가지로 열매가 맺힌 가지의 잎의 길이는 짧다.

일반적으로 잎이 한번 나와서 세상에 자기만의 생명을 지닐 수 있는 세월은 4~5년이라고 한다. 그 이후에는 잎이 떨어진다. 묵은 잎이 새잎으로 바뀌는 것이다. 개비자나무는 참빗 모양을 닮았다. 잎 뒷면에 두 줄로 된 숨구멍줄이 있다. 잎을 지탱하는 잎자루인 엽병이 없고 잎 끝은 부드럽다. 부드러운 잎 끝은 개비자나무와 친해지기 위한 손짓임을 잘 기억하면 구별하는 데 이로울 것이다.

개비자나무는 암수딴그루로 암나무와 수나무가 따로 있다. 꽃은 4월에 노란 갈색으로 핀다. 개비자나무의 암꽃은 지난해에 자란 익은가지 끝에 달린다. 짧은 꼭지가 있고 원형 또는 타원형이며, 밑부분은 포린에 덮여 있다. 수꽃은 지난해에 자란 익은가지의 잎겨드랑이에 달리며, 수꽃의 밑부분이 많은 포린으로 싸여 있고, 갈라지면서 꽃가루가 나온다. 암꽃은 가지 위쪽에 몇 송이씩 모여 달리고, 수꽃은 잎이 달린 자리 아래쪽에 20~30송이씩 모여 달린다. 꽃잎은 없다.

개비자나무는 암수딴그루로 왼쪽이 암꽃이고, 오른쪽이 수꽃이다.

햇가지의 색감에서 느끼는 연약함

상록성의 침엽관목으로 중부지방에 사용할 수 있는 몇 안 되는 수종 중 하나이므로, 이 나무만 개발하여도 제법 농장을 꾸려 나갈 수 있다. 조경 공간에서는 음지와 양지가 만나는 서늘한 곳에 식재하는 것이 좋다. 다만, 빠른 시일에 잘 크게 하는 기술을 찾아야 한다. 일단은 거름이나 비료를 이용하는 방법을 찾을 일이다.

개비자나무를 관상할 때에는 줄기 껍질과 가지까지 살펴야 한다. 어린 나무의 줄기 껍질은 붉고 어두운 갈색이다. 그러나 나이 먹을수록 짙은 회갈색이 되면서 세로로 갈라진다. 갈라진 껍질이 너덜댄다. 너덜대는 나무 껍질 속에 붉은 속껍질이 언뜻 비춘다. 재미있지 않은가. 가지는 햇가지에서 노란빛이 도는 녹색을 띤다. 햇가지의 색감에서 느끼는 연약함은 식물에 대한 보호 본능을 일깨운다.

개비자나무를 집단 식재하면 방향성이 어디로 향할지 예측하지 못하게 끔 자연형으로 유지하는 것이 좋다.

개비자나무는 중부지방의 겨울 정원을 풍요롭게 한다

개비자나무의 수형은 자연형으로 유지하는 게 더 멋지다. 손질하여 특정 모양으로 수형을 유도하면서 관리할 수도 있지만, 그보다 자연형으로 키우는 것을 권장한다. 훨씬 더 멋이 있다는 말이다. 살아가는 모습은 특별히 정해 놓은 수형이나 규칙을 따라 진행하는 게 아니다. 개비자나무는 무엇에도 구애받지 않고 제멋대로의 자유스러운 느낌을 지닐 수 있는 나무이다.

개비자나무 수형에 영향을 주는 요인은 성근 가지가 옆으로 뻗는 데에서 찾을 수 있다. 그래서 위쪽이 엉성한 삼각형을 이룬다. 가을이 되어 낙엽수들이 잎을 떨어뜨린 후의 정원을 풍요롭게 하는 나무가 개비자나무이다.

중부지방에서는 겨울 정원을 빛내게 할 수종이 많지 않다. 개비자나무는 중부지방의 겨울 정원을 위하여 배식의 다양한 사례를 제시할 필요가 충분한 나무이다.

화성 융릉에 있는 천연기념물로 지정된 개비자나무

개비자나무는 비자나무처럼 한방에서 유용하게 응용된다

개비자나무의 종자는 기름을 채취하여 식용, 등유용으로 사용하였다. 붉은색의 열매가 달리고 내한성이 강하여 전국적으로 분포한다. 한방에서는 붉은색 열매를 토향비土香榧라 하여 구충제, 변비, 기침, 가래, 강장 등에 사용한다.

최근에는 개비자나무 잎과 줄기 등에서 추출한 알칼로이드 성분이 항균 및 암세포 증식 억제효과를 나타낸다는 것이 알려져 림프육종, 식도암, 폐암 등의 치료에도 사용한다. 가을에 익은 열매를 따서 껍질을 벗기고 햇볕에 말려서 사용한다.

개비자나무의 살충, 항균효과를 이용하여 친환경농업에서 천연농약으로 활용한다. 잎을 포함한 줄기를 생즙을 내서 사용하거나 물 또는 주정에 우려내서 사용할 수 있다.

붉은색 열매를 토향비라 하여 구충제 등에 사용한다.

사철나무
껍질을 벗고 속살을 내보일 때 압도되는 나무

광택이 나는 아름다운 잎을 조엽照葉이라 하는데, 특유의 광택이 있어 싱싱한 느낌을 준다

학   명_ *Euonymus japonicus* Thunb.
영문명_ Spindle Tree, Japanese Spindle Tree

하동 최참판댁과 경주 최부자집

사철나무가 어울리는 공간은 회양목과도 어울린다

사철나무는 전통마을을 비롯하여 오래된 고가, 사찰, 서원 등에 고르게 심겨 있다. 그만큼 사상이나 종교 또는 지역을 가리지 않고 좋아하는 나무이다. 특히 중부지방에서는 상록활엽수가 드물다. 겨우 식재되고 있는 것이 회양목과 사철나무 정도다. 둘 다 키가 작은 관목이다. 그러나 오래되면 몸집이 커서 대단한 면적으로 위용을 지닌다. 오래된 사철나무로는 청도 명대리의 삼백년 가까운 나무가 있었는데, 고사하여 2008년에 지정해제 하였다. 그러다 2012년 독도 사철나무를 천연기념물 제538호로 지정하였다. 독도에서 현존하는 수목 중 가장 오래된 나무이다. 독도에서 생육할 수 있는 대표적인 수종이라는 의미뿐만 아니라, 국토의 동쪽 끝 독도를 100년 이상 지켜왔다는 영토적 상징적 가치가 크다.

아녀자와 외간 남자의 시선을 가리는 문병門屛

예전에는 사철나무를 양반집에서 아녀자들이 생활하는 공간이 외간 남자들의 시선과 직접적으로 마주치는 것을 예방하기 위하여 가리개용으로 식재하였다. 기록에는 이것을 문병門屛이라고 했다. 문에 사철나무로 병풍을 드리운 것이다. 그러니까 늘 푸른 상록수를 산울타리로 이용한 것이다. 요즘 사철나무 산울타리가 하나의 유행처럼 많이 식재되는 것도 이런 역사와 무관하지 않다.

잎과 가지가 치밀하고 맹아력이 우수하여 지면 피복이나 산울타리로 많이 사용한다.

노란색 작은 꽃들은 소박하지만 종일 벌이 앵앵거리며 달라붙는다

꽃은 소박하다. 노란색과 흰색이 섞여 있다. 꽃이라고 하기에는 푸른 가죽질의 잎에 가려 눈에 띄기조차 쉽지 않지만 자세히 보면 꽃에 벌이 엄청나게 달라 붙어 있는 것을 알 수 있다. 이것은 회양목도 마찬가지이다.

눈에 보이는 꽃의 아름다움은 특별한 미감을 지녀야 그 가치를 논할 수 있을 정도이다. 하지만, 벌이 달라붙어 오래도록 윙윙대며 소리 내는 것을 보면 여전히 꽃은 꽃이고, 그렇게 수분이 이루어져 가을에 매혹적인 열매가 맺히는것을 알 수 있다. 아름다움을 익히는 데에는 눈에 드러나지 않는 수고로움이 함께 하는 것을 깨닫게 한다.

늦봄에서 초여름 사이에 노란색의 작은 꽃이 나무를 가득 덮지만 조엽의 잎에 가려 주목받지 못한다.

감싸고 있는 껍질을 벗고 속살을 내보일 때 압도된다

노박덩굴, 화살나무, 참빗살나무 등과 같이 사철나무는 노박덩굴과에 속한다. 노박덩굴과에 속하는 나무들은 가을이 되면 환상적인 열매로 꿈을 꾸게 한다. 이들 몇 가지 꺾어 작은 꽃병에 꽂아 두고 차를 마시는 그 행복함은 이루 말할 수 없을 정도이다. 홍조를 띤 여인의 얼굴처럼 불그스레한 것이 바라보는 이로 하여금 오히려 얼굴이 붉어지게 하는 힘이 있다.

붉은색으로 익는 열매의 껍질이 갈라지면서 주황색의 종자를 내미는 모습이 푸른 녹색의 잎과 맞물려 매혹적이다.

어리석은 듯 드러나지 않는 버금감—둔차鈍次의 나무

경주 최부자집에는 사철나무가 식재되어 있다. 사철나무는 집안에 간혹 심었던 나무이다. 보통 마당을 비워 두는 전통 가옥에서 사철나무는 모란과 더불어 사랑받았던 나무의 하나이다. 마지막 최부자인 최준의 할아버지 최만희의 호는 '대우(大愚 : 크게 어리석음)'였으며, 친아버지인 최현식의 호는 '둔차(鈍次 : 재주가 둔해 으뜸가지 못함)'였다. 둔차라는 말, 1등보다는 2등, 어리석은 듯 드러나지 않는 버금감이라는 말인데, 속으로 통쾌한 마음을 불러일으킨다.

1등은 끊임없이 자신을 채찍질하는 속에서 이루어진다. 1등의 순간부터 계속된 도전과 만난다. 2등은 어떤가. 이 역시 쉬운 일이 아니다. 1등에 버금가는 노력에서 비롯된다. 둔차는 '2등을 하라'는 말이다. 그러나 이것은 만족에 관한 말이다. "1등이 못 되어도 만족하라."는 의미다. 최씨 가문에서 추구하는 적정 만족의 원리와 서로 통한다. 스스로 만족하며 겸양할 때 남을 배려하는 마음도 생기고 함께 사는 정신도 생기는 것이다.

원줄기는 직립하고 수관이 옆으로 퍼지는 성질을 지녔다. 밑에서 가지가 많이 나와 관목처럼 자라기도 한다.

추운 계절에도 푸른 잎을 매달고 인고의 세월을 받아들인다

사철나무는 반그늘진 곳에서 잘 자라고 잔가지가 많이 나온다. 공해에도 강한 편이다. 사철나무는 가을에 종자를 채취하여 노천매장 후 파종하는데, 발아력이 높다. 더군다나 삽목도 잘되는데, 봄 싹트기 전과 장마 때, 그리고 가을의 9~11월까지 가능하다. 하동 최참판댁에도 커다란 사철나무가 심겨져 있다. 사철나무는 주로 가정 정원수로 많이 이용한다. 그리고 산울타리로 가능하여 경계식재 또는 차폐식재로도 이용한다.

사철나무는 새로 나온 잎이 하얗게 되는 백분병에 걸리기 쉽다. 이때에는 카라센을 구입하여 뿌려 준다. 또한, 봄에서 여름에 걸쳐 자벌레가 많이 발생하여 잎을 갉아먹는데, 스미치온이나 디프테렉스를 뿌려 준다.

> 겨우내 눈도 많이 오고 추웠다
> 그 추운 계절에도 어김없이 푸른색을 지닌 채
> 인고의 세월을 끄떡없이 받아들이는 사철나무를 바라본다
> 희망을 놓친 사람들의 손을 잡아주는 나무
> 인내와 희망의 의미를 사철나무를 통하여 새롭게 다져 본다

백송
줄기의 깨끗한 드러냄으로 귀한 대접 받는 나무

씨앗으로 파종하여 기른 백송 묘목

학　명_ *Pinus bungeana* Zucc. ex Endl.
영문명_ Lace-bark Pine

고결한 선비의 마음결

양평 양동 '백송원'과의 인연

나무를 기르고 싶다고 몇 번씩 방문하고 만나다 이제는 서로 존중하며 친구처럼 지내는 지인이 있다. 1990년대 초에 PC통신 하이텔에서 만났으니 오래된 지기다.

양평의 양동에 '백송원'이라는 농장을 만들어 소나무를 농장에 심었고 백송은 그때 처음 비닐하우스를 짓고 씨앗을 파종했다. 그 나무가 제법 자라서 내가 근무하는 여주와 수원의 정원에 심겨져 명물이 되고 있다. 그렇게 씨앗으로 재배한 백송이 이제는 수형이 완연하여 식재 규격에 도달하여 유통되고 있다.

여주자영농고와 수원농생명과학고에 백송을 심다

나는 여주자영농업고등학교와 수원농생명과학고등학교를 오가면서 그곳의 백송을 식재하였다. 현재 여주에는 조경소재 생산포장에 식재되어 있는데, 더 크기 전에 자리를 잡아 주어야 한다. 수원 역시 수목원에 작은 묘목으로 식재 된 것이 자리를 잡았고, 특히 2013년 백송의 좋은 기운만으로 정원을 만드는 프로젝트를 수행하였다. 수원북중학교와 수원농생명과학등학교 경계의 지점에 백송 명상 정원을 조성한 것이다.

백송을 군식으로 식재하여

학교 전체 분위기를 휘감으며

청정한 기운이 바람을 타고

정서적 안정과 학생들의 꿈의 실현을 도울 수 있는

명상의 정원을 시도한 것이다

백송은 개별성을 가진 독특한 나무로

넓은 공간을 차지하며 위용 있는 나무로 성장한다

그러나 수원농생명과학고등학교의 백송 명상 정원은

개체가 아닌 전체의 나무가 큰 덩어리로서 위용을 세우고자 하였다

세월이 지나면 가장자리와 안쪽의 개별적 성장 상태는 다르겠으나

전체적으로 균형잡힌 백송 군락지로서의 역할을 기대하기 위함이다

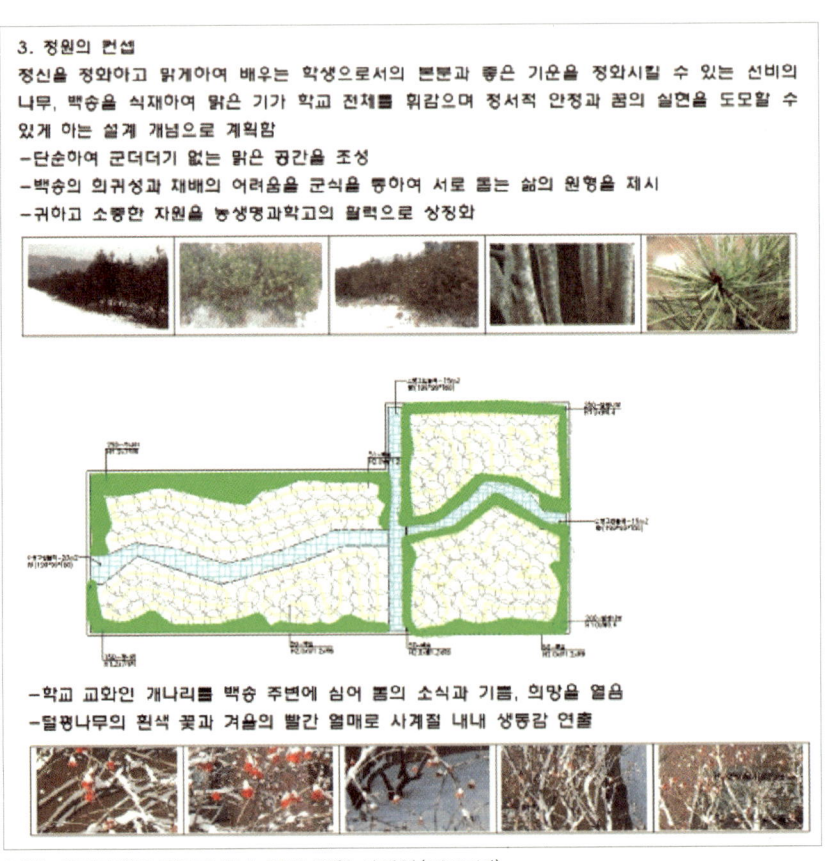

수원농생명과학고등학교 백송 명상 정원 설계안(2013년)

백송은 줄기의 깨끗한 드러냄으로 귀하게 대접받는 나무

백송은 상록침엽교목이다. 북한에서는 '흰소나무'라고 부른다. 중국이 원산지라 '당송'이라고도 불린다. 나무줄기가 나이를 먹을수록 흰색으로 변한다. 어릴 때는 연한 녹색으로 매끈하며 광택이 있다가 큰 비늘조각으로 벗겨지면서 청백색의 얼룩무늬가 나타난다. 그러다가 나무줄기 전체가 흰색으로 된다. 백송의 흰 줄기를 보면서 고결한 마음을 지니자고 스스로 다짐한 선비들의 마음결이 상상된다. 우리 정서에 흰색은 마음결을 품위 있게 하는 색깔이다.

헌법재판소 안에 있는 백송, 재동 백송이라 부른다.

지금의 서울 헌법재판소 안에 백송이 있다. 천연기념물이다. 보통 재동 백송이라고 불린다. 재동 백송 말고도 이천의 백송, 조계사(서울 수송동)의 백송, 경기 고양 송포의 백송, 예산의 추사 고택의 백송 등 천연기념물로 지정된 백송이 남한에 5그루, 북한에 1그루가 있다.

중국을 왕래하던 사신에 의해 들여오고 좋은 자리에 심은 나무

백송은 중국을 왕래하던 고위 관리가 많았던 서울, 경기지역에 주로 분포하고 있다. 충남 예산의 추사 고택 근처의 백송은 김정희 선생이 스물네 살 때 아버지를 따라 중국을 다녀오면서 백송 솔방울 몇 개를 몰래 가져와 예산 본가에 위치한 고조할아버지 김흥경의 묘 옆에 심었다고 전해진다. 물론, 추사는 수많은 서적과 함께 옹방강, 완원 등과의 친분까지 가지고 돌아왔고, 훨씬 정신적인 성취를 이루었다. 흥선대원군 역시 재동의 백송을 보면서 자신의 의지를 다졌다고 한다. 안동 김씨의 세도 앞에 왕권을 확립하기 위한 준비를 백송이 심겨진 조대비의 사랑채에서 각색한 것이다.

조계사 백송과 예산 추사 고택 백송

녹음식재와 취음식재에 대한 생각 하나

『계산기정 제3권』 '관사에 머물다[留館]'의 사행 기록을 보면 옥하관에 머물던 귀국 삼일 전의 이야기가 나온다. 날씨는 맑고 지금 보지 않으면 미진한 아쉬움이 생길 것이라 일행이 수려한 풍경을 보러 나서는 대목이다. 일행의 기록에 백송에 대한 이야기가 나온다. 북경의 서호, 호권, 용왕각, 수의교, 만수사, 오탑사, 궁녀사를 둘러보고 적었다. 그 중 만수사 끝부분에 "앞뜰에는 다섯 그루의 백송白松이 있는데 쭉쭉 뻗은 가지는 희기가 은비녀 같다. 송체松體의 굵기는 10위圍나 되며 취음翠陰은 온 뜰을 덮었다."는 사행 기록이 보인다. 백송의 가지와 줄기가 은비녀처럼 반짝이는 흰색을 가졌다고 한다.

백송의 특징인 고고한 흰색은 정갈하고 고고한 선비의 마음을 대변한다

지금 만수사에는 베이징예술박물관을 지어 현대화된 전시실을 갖추고 있다. 연행 기록 당시, 차를 권하는 앞뜰에 운치 있는 오래된 백송 다섯 그루가 있는데, 줄기가 150cm가 된다고 했다. 그러니 백송 한 그루가 차지하는 공간은 매우 크고 그래서 만들어 내는 그늘이 오색 비취처럼 푸르다는 것이다. 앞 뜰 전체가 푸른 그늘로 가득 덮여 있다는 것이다. 백송의 식재 간격을 넓게 하여 다섯 그루를 부등변삼각형 식재로 뜰을 채우는 취음식재를 시도할 만하다. 특별히 활엽수가 아닌 침엽수로 만들어 내는 녹음식재를 '취음식재翠陰植栽'라 부를만 하다. 그렇게 제안한다.

백송은 소나무 가족으로 잣나무에 더 가깝다

백송은 소나무 가족이다. 소나무는 잎이 2개인 소나무와 곰솔, 그리고 잎이 5개인 잣나무 종류로 나뉘는데, 백송은 리기다소나무처럼 잎이 3개이다. 그러나 백송은 잣나무의 잎처럼 잎 속의 관다발이 하나이므로 잣나무 종류에 더 가깝다.

백송은 리기다소나무처럼 잎이 3개이며 잎 속 관다발이 하나여서 잣나무 종류에 가깝다.

백송의 흰색이 더 선명해지면 길조라고 여겼는데, 사실 영양상태가 좋을수록 흰빛이 더 돈다고 한다. 정갈하고 고고한 백송의 줄기를 바라보면서 선비들은 자신의 마음 공부를 더 혹독하게 채근하였을 것이다. 가까운 곳에 백송이 있으면 마음이 심란할 때마다 찾아가 오래도록 그 흰색의 줄기와 푸른 잎을 번갈아 보면서 스스로에게 고결한 마음결이 새겨지도록 노력할 만하다. 자연 속에서 자신의 마음을 투사하여 다스려 보는 일은 여전히 아름다운 일이다.

5

"그대, 근사한 미인"

노박덩굴 / 담쟁이덩굴 / 옥잠화

자기를 위해 뭔가를 하게끔 이끈다
소복이 그렇고 하얀 치아가 그렇다
단순한 표정으로 풍기는 아름다움을 백치미라 했던가
옥잠화는 거기다가 준열한 유혹의 손짓도 가졌다.
아무나 쉽게 바라보고 즐길 수 있는 분위기였다가
준엄한 기품으로 함부로 접근하는 틈새를 거부한다
씩씩한 기상과 굳은 절개는 무언의 표정으로 반듯하다
참으로 이 아침 기껍다
기어이 옥잠화의 오래된 미소를 되찾는다
피할 수 없는 인연이다
지워지지 않는 오래된 만남이다
얄궂은 게 소리 소문 없이 빙글 돌아와서는
어느덧 슬쩍 다가와 환하게 웃고 있다

노박덩굴

지조와 의리, 운치와 품격의 추구하는 나무

야생의 심상으로 산과 들 어디서나 흔하게 볼 수 있는 나무가 노박덩굴이다

학 명_ *Celastrus orbiculatus* Thunb.
영문명_ Oriental Bittersweet

여백과 비례의 문인화

냇가 둑으로 가득히 자리잡은 붉은 낭만

예전에 차 관련 잡지를 발행하는 출판사를 찾아간 적이 있다. 용인 고기동에 사무실이 있는데, 차 관련 도구를 전시하고 직접 판매도 한다. 그때가 가을이 한참 지났을 때였는데, 차 도구에 노박덩굴이 여기저기 꽂혀 고아한 자태와 분위기를 뽐내는 것이다.

사무실 앞 광교산 줄기에서 내려오는 냇가에 지천으로 노박덩굴이 온갖 나무를 감아 오르며 매달려 있다. 아주 가까운 앞 개울 둑에서 채취하여 간결하게 사무실을 생동감으로 바꾼 것이다. 차 도구 역시 그냥 놓여 있는 것보다 노박덩굴이 꽂히는 순간 화기花器가 되어 시집온 새색시처럼 수줍게 미소 짓고 있었다. 그 후로는 노박덩굴이 다르게 보였다.

조선시대 선비들의 꽃과 수목에 내재된 가치 규범

옛 문인화나 분재, 꽃꽂이를 볼 때 늘 느끼는 것은 선의 자유로운 여백과 질서 정연한 비례이다. 아닌 듯 그러하고, 그러한 듯 아닌 경지에 서성대게 마련이다. 사군자가 그렇고 꽃 예술이 그러하다.

사군자는 매화, 난초, 국화, 대나무를 선비에 비유하여 부르는 말이다. 조선시대 선비들은 매난국죽마다 개별 특성을 끄집어내어 그 기질이 군자가 지녀야 할 품성이라고 여겼다. 시와 그림에서 매난국죽을 즐겨 다뤘다. 이들 소재는 주로 문인화풍 수묵화로 다루어진다. 중국에서는 송대에 유행하였고 우리나라도 그 영향을 받아 고려시대 이후 성행하였다. 꽃과 수목은 있는 그대로의 미와 기능과 생태만을 고집하지 않았다. 오히려 꽃과 수목에 내재된 가치 규범과 사상이 복합적으로 반영되었다.

노박덩굴은 지조와 의리, 운치와 품격을 알게 한다.

지조와 의리, 운치와 품격의 추구

조선시대 선비에게는 지조와 의리, 운치와 품격이 가장 중요하였다. 그러면서 한편으로는 안빈낙도를 추구한다. 유교적 규범과 안빈낙도가 만나는 지점에 매난국죽과 연꽃, 버드나무, 오동나무 등이 함께 한다. 이들을 정원과 정자 주변에 배치하여 심고 가꾼 것이다. 직접 땅에 심을 수 있을 때는 평탄한 곳에는 화단, 경사지에는 화오와 화계를 이용하였다. 땅에 심기 어렵거나 더 가까이 마주하기 위해 취병, 분재, 절화 등을 이용하기도 한다.

갈아엎고 거름 넣고 구획하면 화단

화단은 꽃과 수목을 심어 가꾸기 위해 뜰 한쪽에 단과 같이 흙을 쌓아올려 만든 정원이다. 화단은 흙을 갈아엎기도 하고 퇴비와 같은 거름도 넣어 주면서 가꾸는 즐거움을 얻을 수 있는 곳이다. 갈아엎고 넣어 주고 하면서 흙 표면이 주변보다 높아진다. 높아진 흙이 흩어지지 않게, 꽃이 돋보이게 하기 위해 갈아엎은 주위에 특정 재료로 구획을 한다. 그러다 보니 사직단, 선농단처럼 평지보다 약간 높게 흙을 쌓아 신을 섬기는 단과 비슷해진다.

경사진 언덕 둑에 장대석으로 낮게 두른 자리는 화오

화단이라는 말은 당나라 때부터 쓰였으며, 화오는 고려 중엽부터 문헌에 나타나 조선시대에 널리 쓰였다. 화오의 오塢는 낮은 둑을 말하며, 장대석으로 낮게 두르고 꽃나무를 심고 가꾸는 곳을 말한다. 화오는 심은 식물에 따라 매화나무를 심은 언덕 화단이면 매오, 복숭아나무를 심은 언덕 화단이면 도오, 대나무를 심은 언덕 화단이면 죽오, 소나무를 심은 언덕 화단이면 송오, 뽕나무를 심은 언덕 화단이면 상오라고 부른다.

창덕궁 수정전 좌측 화오(왼쪽), 창경궁 집복헌 뒷마당 화오(오른쪽)

경사지를 장대석을 두르고 계단처럼 만든 화단은 화계

화계는 꽃과 나무를 심기 위해 조금 높이 쌓아서 계단처럼 만든 화단이다. 건물이나 시설물 배치 시 발생하는 절개지 경사의 토양 유출과 붕괴를 막기 위한 기능성과 꽃과 나무를 심어 시각을 고려하는 두 가지 효과를 동시에 가진다.

대조전 구역의 화계

식물의 가지를 틀어 올려 병풍처럼 만든 울타리는 취병

취병은 관목이나 덩굴식물로 가지를 틀어 올려 병풍 모양으로 만든 울타리를 말한다. 내부를 가려 주고 공간을 나누는 역할과 동시에 경관을 높여 주는 안목 있는 행위이다. 『임원십육지』에서 소개하는 취병의 소재와 방법에는 겨울에 시들지 않는 상록의 대나무, 향나무, 주목, 측백나무, 사철나무 등과 고리버들, 화목류, 등나무 같이 가지가 유연한 수종으로 가능하다고 설명한다.

"무릇 취병을 엮어 만드는 데는 나무를 사용하며 어른 팔뚝 굵기 정도의 대나무를 좁게 두 줄로 땅에 꽂는다. 또, 얇고 길게 깎은 대나무를 층으로 가로로 틀을 만들 때 가로와 세로로 단단히 고정한다. 그 가지와 줄기에 싹이 나는 것을 보아서 오래되지 않고 쉽게 구부릴 수 있을 때 그 성질에 따라 묶어 주는데, 만약 가지가 큰 경우 틀을 씌워 굽히거나 꺾기도 하고 틀 밖으로 나오는 가지는 잘라 버린다." "무릇 화목류 중에서 등나무 같은 만경류는 가지가 연하여 구부릴 수 있는 것들로 모두 시렁처럼 나무에 결속하여 관상이 가능하다……중략……추운 겨울 동안 시들지 않는 것이라면 아름다움이 더하다." "고리버들(杞柳)을 엮어서 취병을 만들 때에는 두께를 2척으로 하고 길이와 너비는 임의로 할 수 있다. 고리 버들로 영롱담과 같은 형태의 취병을 만들려면 비옥토를 나무 가운데 메운 후 패랭이꽃이나 범부채 등과 같은 일체의 줄기가 짧고 아름다운 야생화들을 취병을 따라 섞어 심는다. 꽃이 피는 계절이 오면 오색(絢爛)이 현란한 병풍이 만들어진다. (문화콘텐츠닷컴 (문화원형백과 창덕궁), 2005., 한국콘텐츠진흥원)

분재에는 문인목이라고 하는 선비나무가 있다

분재의 경우에는 아예 분재 수형으로 문인목이 있다. 선비나무라고도 한다. 풍류의 시정이 담긴 수형으로 경쾌하고 산뜻한 줄기의 치솟음이 특색이다. 빈약한 듯 가느다란 줄기가 약간 기울어져 운치 있는 곡선미를 즐긴다. 나무 높이의 3/4 정도 아래에는 가지를 두지 않는다. 문인이나 묵객들의 기호에 맞아 문인목이라고 하였다.

줄기는 굴곡이되 밋밋하게 키워 상단부에 약간의 가지를 붙여 수형을 만드는 것이 문인목이다.

꽃꽂이 소재로 쓰이는 절화

절화는 꽃꽂이를 하기 위하여 잘라 놓은 꽃자루, 꽃대, 가지를 말한다. 꽃꽂이 소재인 셈이다. 노박덩굴은 평이한 꽃꽂이 디자인에 3차원의 공간감을 안겨 준다. 어디로 튈지 모르는 우주적 사유의 꽃꽂이에 적합하다.

노박덩굴은 마음을 다스리는 주제의 디자인을 이해시키는 소재로 훌륭하다. 마치 사군자를 보듯이 그 여백과 비례의 질서 정연함을 안겨 주는 소재다. 꽉 차서 눈길을 어디에 둘지 민망하느니, 적절한 여백의 아름다움에서 숨도 고르고 생각도 여미며 순한 마음의 시선을 가질 수 있다. 그러니 절로 좋은 기운이 공간을 은은하게 채워 준다.

자연에서 멋을 찾을 수 있는 절화 소재로서의 노박덩굴

노박덩굴은 퍼걸러나 아치 또는 트랠리스에 올려 활용할 수 있다

노박덩굴은 전국에 분포하는 낙엽활엽의 덩굴식물로 암수딴그루이다. 덩굴식물은 만경목이라고 한다. 길이 10m, 지름은 20cm까지 자라며 양지와 음지를 가리지 않고 잘 자란다. 추위에 강하고 건조에도 강하다. 아울러 대기오염에도 강한 특성을 지녔다.

노박덩굴의 잎은 평범하지만
새순으로 장아찌를 담기도 한다
잎이 나온 뒤에 꽃이 피는데
작아서 얼른 보이지 않는다
자잘한데다 꽃이 잎 닮은 색감이라
작정하고 다가서야 볼 수 있다
가을에 노란색으로 열매가 익는다
이때 둥근 열매의 껍질이 사방으로 갈라진다
주홍색이라 할 수 있는 빨간색 속살이 보인다
이쯤에서 탄성을 지른다

노박덩굴의 열매는 민간에서 손발의 마비를 풀어 주거나 근육과 뼈를 튼튼하게 한다고 알려져 있다. 특히, 생리통에 좋은 약초가 많은데, 그 중 노박덩굴의 열매가 효과가 좋다고들 한다.

노박덩굴과 푼지나무 잎의 가장자리

노박덩굴의 잎은 어긋나게 달리고 보통 타원형이지만 원형인 것도 있다. 얇은 잎으로 가장자리의 톱니는 둔하면서 얕은 톱니로 보통 안으로 굽는 특징이 있다. 반면에, 노박덩굴과 유사한 푼지나무의 잎은 가장자리에 털 같은 톱니가 있고, 턱잎이 가시로 변하는 게 차이점이다.

노박나무는 잎가장자리가 안으로 굽고, 푼지나무는 잎가장자리에서 털 톱니가 있으며 턱잎이 가시로 변한다.

꽃은 5월에서 6월 사이에 황록색으로 핀다. 꽃잎과 꽃받침이 각각 5개이고, 수술도 5개이며 셋으로 갈라져 있다. 열매는 삭과로 10월에 황색으로 익고 3개로 갈라진다. 종자는 황적색 씨앗주머니에 빨간 속살이 드러난다.

노박덩굴의 꽃은 관심이 있어야 볼 수 있고, 열매는 삭과로 겉껍질이 벗겨져 속살로 매달린다.

노박덩굴로 완성시킨 점, 선, 면, 색감 그리고 여백미

국내 최초의 꽃꽂이 강사인 꽃꽂이 명인 임화공은 "춥고 건조한 계절에는 화병보다 쟁반처럼 낮고 바닥이 넓은 수반을 이용해 보세요. 집에서 사용하는 예쁜 접시나 도자기에 침봉과 물을 담고 여백을 많이 남기면서 드문드문 꽃을 꽂아 보세요. 예쁘기도 하고 가습효과도 있어 지금 딱 좋아요."라고 강조한다. 꽂는 것보다 비우는 것에 더 많은 고민을 하라고 한다. 비우는 공간미를 발휘하는 데에 노박덩굴처럼 귀한 소재는 없다.

꽃에서 기氣를 얻는다. 특히, 노박덩굴을 이용하여 꽃꽂이를 한다면 춥고 건조할 때는 침봉과 수반을 이용하여 꽂아보는 것도 좋을 것이다. 막 꽃망울 터지는 계절에는 화병을 응용하여 꽂아 주기만 해도 잘 어울린다. 매화를 꽂은 병이 매병이듯이, 도자기로 만든 그릇, 항아리 같은 것이면 모두 잘 어울린다. 옛 그림에도 꽃꽂이는 그냥 병에 담기듯 꽂혀 있다. 마음의 여백을 위하여도 부드러운 병의 곡선과 툭 놓여 자리잡는 제 기운의 행방을 존중해 줄 필요가 있다.

꽃꽂이 1세대인 임화공의 꽃꽂이 선집, 『화예』의 작품, 백자 필통에 꽂은 노박덩굴, 여백과 비례

담쟁이덩굴
생각의 크기로 담을 넘어서는 나무

담쟁이덩굴은 건물의 벽면에 착생시켜 장식과 차폐용으로 이용한다. 여주농업경영전문학교 현관의 붉은 벽돌과 잘 어울린다.

학 명_ *Parthenocissus tricuspidata* (Siebold & Zucc.) Planch.
영문명_ Boston Ivy, Japanese Ivy

덩굴손이 수줍다

가을 붉은 단풍과 영롱한 흑청색 열매

여주농업경영전문학교 남쪽 현관의 붉은 벽돌에는 내가 심은 담쟁이덩굴이 무성하다. 원래 현관 양쪽을 같이 식재하였는데, 한쪽만 잘 자라고 있다. 줄기에 흡반이 있어 시멘트 블록이나 벽돌, 암석 등에 잘 달라 붙어 면을 덮는 효과가 크다. 잎은 세 부분으로 갈라지고 윤채가 난다. 가을 붉은 단풍과 영롱한 흑청색 열매가 아름다움을 뽐낸다. 도시의 삭막한 벽면 녹화에 담쟁이덩굴은 크게 기여한다. 담쟁이덩굴을 벽면 식재로 사용하면 건물 복사열을 낮추게 하는데 효과가 크다. 특히 담쟁이덩굴의 열매는 야생 조류의 먹이로 훌륭하다. 물론 다람쥐의 먹이감으로도 좋아 사람에게 심리적 편안함과 정서적 안정감을 제공한다. 현관 옆 의자 앉아 있다 보면 다람쥐나 새들이 연신 바쁘게 들락거린다. 먹이감이 있으니 사람도 신경 쓰이지 않나보다. 새는 거침없이 행보하고, 다람쥐는 노골적으로 과감한 눈치보기를 한다.

꽃가루받이 없이 처녀생식으로 종자를 생산한다

담쟁이덩굴의 학명을 보면, 속명의 파르테노치수스Parthenochssus는 그리스어그리의 처녀(parthenos)와 덩굴(kissos)의 합성어다. 담쟁이덩굴은 꽃가루받이(pollination, 受粉) 없이 종자를 생산할 수 있다. 담쟁이덩굴의 처녀생식의 특성이다. 여기서 속명이 유래한 것이다. 종소명의 트리쿠스피다타 tricuspidata는 잎 끝이 세 갈래로 갈라진 모양에서 유래한 라틴어다. 담쟁이덩굴의 특징을 학명에서 절반 이상을 밝히고 있는 셈이다. 담쟁이덩굴은 전통민속마을 답사 때 자주 만난다. 강원 고성의 왕곡마을, 아산 외암마을, 안동 하회마을, 경주 양동마을, 심지어는 제주의 성읍 민속마을까지 두루 답사를 다닌 셈이다. 하회, 양동은 주제가 바뀌면서 반복 답사지로 몇 차례 더 찾았다. 가까운 외암도 자주 들린 셈이다. 마을마다 흙담이 있고, 돌담이 있었다. 담장마다 담쟁이덩굴이 감아 오른다. 마치 전통 민속 마을의 매뉴얼처럼 그렇게 담쟁이덩굴은 담장과 함께 모습을 드러내고 있다.

보스턴 아이비와 송악

담쟁이덩굴의 영어 이름은 보스턴 아이비Boston ivy이다. 실제로 미국의 보스턴이나 뉴욕 등지에 담쟁이덩굴이 많이 있다. 미국담쟁이덩굴Parthenocissus quinquefolia이다. 오 헨리의 소설『마지막 잎새』에 나오는 잎새가 그것이다. 보스턴 아이비라는 이름으로 헷갈릴 수가 있다. 보스턴 아이비는 낙엽성인 담쟁이덩굴을 말한다. 담쟁이덩굴은 줄기에서 흡착판이 나오고, 미국담쟁이덩굴은 줄기에서 흡착판이 나오지 않는 점이 다르다. 보통 아이비(ivy)라고 부르면 상록성을 말한다. 상록인 아이비를 우리는 송악이라고 부른다. 송악Hedera rhombea은 헤데라 종류이다. 담쟁이덩굴과 송악은 속이 전혀 다른 것이다. 우리나라에 송악이 천연기념물로 지정된 곳이 있다. 고창 삼인리 선운사 입구다. 개울 건너편 절벽 아래쪽에 뿌리를 박고 절벽을 온통 뒤덮고 올라가면서 자라고 있다. 고창 삼인리는 송악이 내륙에서 자랄 수 있는 북방 한계선에 가까우므로 천연기념물 제367호로 1991년 지정하여 보호하고 있다.

꽃은 연한 황록색으로 꿀 향기가 난다

담쟁이덩굴은 바위나 나무줄기에 붙어 산다. 집 안의 담장에도 식재하여 그 운치를 즐긴다. 담장에 붙어 자라는 덩굴성 식물이라는 뜻으로 담쟁이덩굴이라고 부른다. 덩굴손은 갈라질 때, 끝에 문어의 흡반과 같은 지름 약 2.5밀리미터의 둥근 흡반이 생긴다. 이 흡반은 붙으면 잘 떨어지지 않는다. 꽃은 연한 황록색이며 모여 핀다. 꿀 향기가 난다. 열매는 검은색 또는 흑자색으로 익으며 장과이다. 씨앗은 흑갈색이고 광택이 있다. 가을에 붉은색으로 단풍이 든다. 내음성이 매우 강한 음수이지만 강한 햇볕이 쪼이는 곳에서도 잘 자란다.

담쟁이덩굴의 잎은 긴 가지에서는 갈라지지 않지만, 짧은 가지의 잎은 3갈래로 가라지며 어떤 것은 3출엽인 것도 있다. 끝은 뾰족하고 가장자리에 둔한 톱니가 있으며 잎자루가 잎보다 길고 잔털이 나 있다. 나무껍질은 회갈색이고 공기뿌리가 발달한다. 그러나 어린 줄기는 적갈색이고 흡착판이 나와 다른 물체에 붙어 올라간다. 담쟁이덩굴의 줄기를 꺾어 씹어보면 단맛이 난다. 설탕이 귀할 때 담쟁이덩굴을 진하게 달여 감미료로 썼다고 한다.

손바닥처럼 생긴 잎은 광택이 있어 생기가 넘친다. 초여름 작은 꽃이 잎겨드랑이에 달리지만 잎에 가려 잘 보이지 않는다.

사람과 오래도록 함께 한 식물이라 다양한 약용으로 쓰인다

담쟁이덩굴은 초본이 아니라 목본이다. 따라서 수피가 발달하고 줄기도 굵어진다. 오래된 담쟁이덩굴의 줄기는 마디에서 기근을 낸다. 기근은 공기뿌리를 말한다. 담쟁이덩굴의 뿌리와 줄기를 지금地錦이라 불리는 약재로 쓴다. 어혈을 풀어주고 관절과 근육의 통증을 가라앉힌다고 한다.『중국본초도감』에는 담쟁이덩굴의 뿌리와 줄기를 파산호爬山虎라는 생약명으로 부른다. 줄기의 채취와 제법으로 "잎이 떨어지기 전에 줄기를 채취하는데 연중 채취가 가능하며 잘라서 햇볕에 말린다." 하였다.

담쟁이덩굴의 자람은 눈에 보이지 않는다
어느새 자라 있다
관심 밖으로 놓여 있다가
빨갛게 가을을 수 놓을 때쯤 털커덕 눈에 잡힌다
그새 뜨거운 벽과 함께 익었던
인내가 쏟아지는 듯 가을 햇살에 반짝인다
생각의 크기도 저렇듯 담을 넘어야 한다
경계에 머물렀는가 싶었는데
이미 저만치 월담의 경지에서 환하게 웃는다
성큼 거리며 나아가진 않았지만
어느새 가슴 뭉클하게 다가와 있다
아팠던 멍울자국들도 헤쳐 모이면
서로를 풀어내며 손을 안아 준다
뜨거워 뱉어내기 어려웠던 말들이 담을 넘는다
언젠가는 꼭꼭 눌러 놓았던 속울음 꺼낼 수 있겠다
곱게 물들어가는 잎새 안으로 열매가 익고
아무도 모르게 기어오르던 덩굴손이
제 얼굴만큼이나 발갛게 수줍다

낙엽이 진 후 벽에 남아 있는 줄기의 형태와 흑청색 열매의 모습이 멋지다.

담쟁이덩굴을 약으로 쓸 때에는 나무를 감고 올라간 것을 채취하여 써야 한다. 바위를 타고 올라간 것은 독이 있으므로 주의해야 한다. 가능하다면 소나무나 참나무를 타고 올라 간 것을 채취하여 쓰는 것이 좋다고 한다.

도시의 벽면 녹화에 사용되는 담쟁이덩굴

도시의 삭막한 벽면 녹화에 담쟁이덩굴은 크게 기여한다. 담쟁이덩굴로 도시의 벽면녹화를 위해 애쓴 사례가 있다. 강원도 고성군은 2010년에 국도와 지방도의 통신주, 방음벽, 전차 방호벽, 옹벽, 버스 승강장 등을 대상으로 담쟁이덩굴을 식재하였다. 이를 위해 담쟁이 씨앗을 구입(5kg)하고, 4월 담쟁이 삽목을 하였고, 담쟁이덩굴 양묘장(991㎡)을 설치하여, 약 4개월간 생육한 담쟁이 2만2000본을 9월에 무상 공급하는 사업을 추진했다. 대단한 추진력이다. "담쟁이덩굴은 차량 등에서 발생된 탄소 흡수력이 뛰어나 지구온난화를 예방할 뿐 아니라 가을단풍 시 볼거리와 서정적인 멋을 제공해 정서함양에도 크게 기여할 것"이라며 "앞으로도 지속적으로 삭막한 콘크리트 옹벽과 블록 담장 등에 담쟁이를 심어 고성군 전 시가지가 푸르름과 아름다운 녹색망이 연결되도록 최선을 다할 계획이다"고 추진 배경을 말했다. 5년이 지난 고성의 도시 벽면 녹화 성공 여부를 알고 싶다. 겨울에 잎진 담쟁이덩굴을 보러 다녀올 참이다.

옥잠화
참으로 오랫동안 많은 시인 묵객이 바라본 꽃

세력을 회복하지 못하나 때가 되면 여전히 군락의 집단미를 어김없이 내세운다.

학 명_ *Hosta plantaginea* (Lam.) Asch.
영문명_ Fragrant Plantain Lily

여름과 가을 사이에 맑은 향을 담은 비단주머니가 있다

보름달 휘영청, 옥잠화 환한 다소곳

오늘이 보름이다. 음력 칠월이니 칠석도 지난 그런 보름달이 떠오를 것이다. 보름달, 휘영청 밝을 때 바라보는 옥잠화를 상상한 적이 있는가. 다른 색이 섞이지 않은 순수한 흰색을 순백이라고 한다. 달밤의 순백은 너무 밝아서 눈을 멀게 한다. 당연히 눈길을 끈다. 거기다 슬쩍 반짝이는 흰색은 더욱 청승맞고 구슬프다. 처량할 정도로 서럽다. 달빛에 서로 뽐내는 옥잠화가 그랬다.

여주농업경영전문학교를 개교하면서 조경설계를 맡았고, 시공까지 직접 완료한 일이 까마득하다. 북향의 건물 아래 식재할 수 있는 음지식물로 그 당시 덜 알려진 구상나무를 고집하였다. 물론 주목도 함께 도입하였다. 문제는 지피식물이었다. 나는 전체를 옥잠화로 식재하기로 결정하였고 전체 군식으로 처리하였다.

"늘 그늘지는 북향의 건물 화단에 옥잠화를 심을 생각을 누가 했을까요. 여름방학 전후로 계절을 황홀하게 하는 이곳의 경치는 학교 내의 다른 곳과 분위기가 달라요."

"글쎄요. 누군가의 식재 설계 의도가 개입된 것이겠지요."

그랬다. 1996년 여주농업경영전문학교 조경계획설계 및 시공을 주도했다. 아주 미미한 예산으로 적재적소의 식재를 포인트로 삼아 자생식물 위주의 조경식재를 시도한 것이다. 지금은 흔하지만, 그 당시는 절대로 흔하게 볼 수 없었던 식물을 식재목록으로 채택하여 추진한 것이다. 현재의 전문학교 운동장에 조성한 체험 식물원은 없어지고, 건물 주변 화단과 중앙 정원의 식재 식물이 남아 역사를 기록하고 있다. 옥잠화가 필 때쯤이면 한번씩 듣게 되는 관심어린 지청구다.

집단미의 화신

20여 년 지난 지금 이 옥잠화는 세력이 많이 떨어져 있다. 갱신시기를 놓친 것이다. 그래도 여전히 집단미를 보여 준다. 늦은 밤 달빛에 어울리는 옥잠화를 보면 몸서리친다. 서늘함과 몸 시리도록 깨끗한 고결한 흰색이 저리고 아파서 전율한다. 오늘 아침 이른 출근길에 만난 저 옥잠화의 심성으로 절로 발길이 머문다. 주변을 돌다가 결국 근처의 잔디밭을 만나고, 잔디를 미끈하게 깎아서 옥잠화의 흰 세상이 빛나게 해야겠다는 생각에 이른다.

그리고 보면 조선시대 본궁인 경복궁의 동쪽에 위치한 창덕궁과 창경궁을 함께 그린 동궐도에도 옥잠화는 화계花階에 식재되었다. 경사진 곳을 아름답게 조성하는 방법으로 화계가 도입되었다. 동궐도에서 화계는 총 14곳에서 나타나는데, 화계는 관상을 목적으로 한 비교적 규모가 작은 공간이므로 모란, 작약, 앵두나무, 옥매, 진달래, 철쭉꽃, 조릿대, 옥잠화, 원추리 등 화관목이나 초화류 등을 위주로 심었다.

안평대군도 높고 우아한 꽃으로 매란국죽을 들었으며, 용모가 아름답고 고운 것으로 모란을, 화려하지 않으면서 맑고 깨끗한 아름다운 꽃으로 옥잠화, 목련, 치자를 헤아렸다.

북향의 구상나무 아래 식재한 옥잠화의 집단미

옥잠화는 사람의 마음을 움직인다

자기를 위해 뭔가를 하게 끔 이끈다
소복이 그렇고 하얀 치아가 그렇다
단순한 표정으로 풍기는 아름다움을 백치미라 했던가
옥잠화는 거기다가 준열한 유혹의 손짓도 가졌다.
아무나 쉽게 바라보고 즐길 수 있는 분위기였다가
준엄한 기품으로 함부로 접근하는 틈새를 거부한다
씩씩한 기상과 굳은 절개는 무언의 표정으로 반듯하다
참으로 이 아침 기껍다
기어이 옥잠화의 오래된 미소를 되찾는다
피할 수 없는 인연이다
지워지지 않는 오래된 만남이다
얄궂은 게 소리 소문 없이 빙글 돌아와서는
어느듯 슬쩍 다가와 환하게 웃고 있다

비록 구근의 힘이 떨어져 비녀의 크기가 작아졌지만, 여전히 모여 핀 꽃들이 밝혀 주는 환함은 가히 눈을 씻어 내게 한다.

옥잠화가 눈길을 끄는 것은 뭘까. 그것은 백치미가 아닐까.

달밤에 이 흰 꽃은 더욱 처연하다

옥비녀꽃, 옥잠화玉簪花. 달밤에 이 흰 꽃은 더욱 처연하다. 처연함도 목매도록 아름답다는 것을 알려 준 셈이지. 조선의 부인들은 옥잠화를 심고 가꾸며, 달빛 밝은 날 선녀가 되는 환상을 지녔을까.

뭉툭 하얗게 피며 비녀처럼 고개를 내밀고는 달빛에 부서진다. 부서진 비녀는 선녀의 날개를 닮아 있다. 찢어진 비녀자락은 치맛자락처럼 흩날린다. 넓디 넓은 옥잠화 잎은 굵은 잎맥을 따라 염원을 모으고 있다. 그저 잘 생긴 옥비녀 하나 달빛에 훤하라고. 나를 버려 존재하고 있음을 비추어 낸다. 옥잠화에게 잎은 잘 만들어진 비단주머니다. 옥잠화의 전설에도 선녀이야기가 나온다. 아마 이 선녀는 세상 물정에 어느 정도 익숙한 나이 든 선녀일 것이다. 옥잠화는 그렇게 중후한 매력을 풍긴다.

오랜 옛날, 중국 석주 땅에 '장'이라는 젊은이가 살았습니다. 그는 어려서부터 피리를 잘 불었습니다. 사람들은 그를 '피리 부는 사나이'라 했습니다. 밤마다 정자에 앉아 피리를 불곤 했는데, 그때마다 강물이 춤을 추고 지나던 바람도 가던 길을 멈추곤 했습니다. 달나라 선녀가 청아한 소리에 반해 정자로 내려와 함께 밤을 새웠습니다. 새벽닭이 울자 선녀는 달나라로 떠나고자 했습니다. 그는 선녀에게 정표를 하나 남기고 가라 했습니다. 선녀가 끼고 있던 옥비녀를 빼 건네는 순간 땅에 떨어져 산산조각이 났습니다. 다음해 그 자리에 하얀 꽃이 피어났으니 옥잠화였습니다.

옥잠화에게 잎은 잘 만들어진 비단주머니이다.

사람들은 비비추와 옥잠화를 혼동한다

이제는 학교의 화단이나 집 주변과 길가에 심어져 있어 자주 만나는 식물인 옥잠화를 비비추와 어떻게 구분해야 하는지 묻는다. 옥잠화나 비비추는 같은 속에 포함되는 식물이어서 매우 가깝다.

옥잠화는 학명이 Hosta plantaginea이고 비비추는 Hosta longipes이다. 중국 자생종인 옥잠화는 우리나라 자생종인 넓은옥잠화와 산옥잠화와는 차이가 있다. 넓은비비추와 산비비추라 부르면 좋을 정도로 비비추에 가깝다. 옥잠화, 산옥잠화, 비비추, 일월비비추, 주걱비비추, 좀비비추의 6종류가 많이 생산되어 이용되고 있다.

햇빛이 드는 곳에서도 잘 자라지만 기본적으로 음지식물이다. 생육환경에 대한 적응이 좋다. 잎과 꽃이 아름다워 군식과 색 배합이 비슷한 여러 Hosta 종류의 혼식, 강조식재 등으로 연출할 수 있다. 이들은 서로 잎 모양, 크기와 질감은 다르면서도 유사하여 자연스럽게 공간에 시원하거나 따뜻한 느낌을 준다. 어둡고 그늘진 곳에 밝은 느낌을 더해 주어 색을 이용한 조화와 대비를 표현할 수 있다. 무엇보다도 근계가 치밀하여 토양의 유실을 막고 피복력이 탁월하여 잡초억제력도 뛰어나다. 지피식물로 탁월하다. 내한성도 강하며 서늘하고 보수력이 좋은 토양에서 잘 자란다.

옥잠화와 비비추의 군식

초봄에 비가 내린 후 구맹句萌을 심는다.

농촌진흥청에서 발행한 『고농서국역총서4-증보산림경제增補山林經濟』에는 "옥잠화는 초봄에 비가 내린 후 처음 싹튼 것[句萌 : 초목이 처음 싹틀 때 구부러진 것은 '구句', 바로 선 것은 '맹萌'이라 함]을 심고 기름진 흙을 부지런히 주면 산다. 나눌 때는 쇠붙이로 된 그릇을 꺼린다."고 하였다.

중국 원산으로 재배하는 다년초이다. 잎은 모두 고사리처럼 뿌리에서 나오는 근생엽으로 윤기가 있다. 꽃은 꽃줄기 끝에 꽃자루가 있는 여러 개의 꽃이 어긋나게 붙어 밑에서부터 피기 시작하여 끝까지 핀다. 연한 자주색이기도 한 순백색으로 저녁에 꽃이 핀다. 그러니 달빛에 얼마나 숙연한가. 향기가 좋고, 다음날 아침에 시든다. 열매는 삭과로 밑으로 처지고 씨앗 가장자리에 날개가 있다.

연행 기록인 '부연일기'에 나오는 옥잠화 이야기

『부연일기』는 순조 28년(1828, 청 선종 8년) 진하 겸 사은사행進賀兼謝恩使行의 의관 및 비장으로 수행한 저자 미상의 연행 기록이다. 이 책의 '수목樹木'에 책문 이후부터의 나무와 꽃에 대하여 기록한 것을 볼 수 있다. 압록강에서 책문까지는 110리에 달한다. 책문은 사행이 청으로 들어갈 때와 북경에서 돌아올 때 무역이 활발히 일어났던 지역이다. 이 책문에서 일어난 대청 무역의 형식을 책문무역이라고 부른다. 책문은 가자문架子門 또는 변문邊門이라고 하는데, 압록강 건너 만주의 구련성九連城과 봉황성鳳凰城 사이에 있다.

그 중 옥잠화에 대한 부분의 묘사는 이렇다. 시장에서 옥잠화가 활발하게 거래된다. 집에 분재로 길러 그 꽃을 마음에 둔 사람에게 선물도 한다. 옥잠화의 꽃 향기는 코가 막혔을 때 대고 재채기를 할 수 있도록 콧구멍에 대고 냄새를 맡는 용도로 두루 이용했다. 통 속에 옥잠화의 꽃을 넣어서 유통한다는 것이다.

저자에서 파는 것으로는 옥잠화 제일로 쳐서 가장 사랑을 받는 것이 이것으로, 집집마다 분재하여 꽃을 따서 선사한다. 대저 이 꽃은 향기가 강렬하여 다른 꽃의 비유가 아니고, 비연鼻煙의 재료는 오로지 옥잠화의 향기에 의지하는데, 성안의 비연 파는 자들을 보면 꽃을 따서 비연 통 속에 넣어 판다. ⓒ 한국고전번역원 | 김성환 (역) | 1977.

옥잠은 풍류객을 은유하는 잠리에도 사용한다.

근재집謹齋集은 고려 충숙왕 때의 문인 근재 안축의 시문집이다. 조선 영조 16년(1740)에 간행되었다. 〈관동별곡〉, 〈죽계별곡〉 따위의 경기체가 작품이 실려 있다.『근재집』제1권, "총석정에서 사신에게 연회를 베풀며 짓다"에 보면,

사선봉이 바닷가에 있어 / 仙峯在海濱
둘러보니 기이하고 장엄하네 / 觀覽奇且壯
난간에 기대 사방을 돌아보니 / 倚欄四回顧
긴 하늘은 안개 낀 파도와 닿았네 / 長天接煙浪

(......)

신라 때의 네 국선의 무리 / 羅代四仙徒
고운 모습으로 정자 위에서 놀았네 / 簪履遊亭上
당시 비석이 아직도 남아 있어 / 當時碣猶存
어루만지니 괜스레 슬퍼지네 / 摩挲空悵望

(......)

위의 고운 모습을 뜻하는 잠리簪履는 선왕先王 때의 옛 신하를 잊지 않는다거나 미천한 옛 신하를 기억하여 등용한다는 뜻으로 주로 사용된다. 그러나 여기서는 이와 같은 일반적인 의미로 풀면 맥락이 잘 통하지 않는다. 안축은 사선(四仙)들의 모습을 표현할 때 '잠리'를 사용하였는데, 〈삼일포시(三日浦詩)〉에서는 "배를 타고 맑은 향기 뜨려는데, 고운 풍모 따를 방법이 없네.[乘舟挹淸芬 簪履無由從]"라고 하였고, 〈관동별곡關東別曲〉 3장에서는 "옥비녀와 진주 신 삼천의 무리[玉簪珠履 三千徒客]"라고 하였다. 곧 잠리는 옥비녀를 꽂고 진주 신을 신은 풍류객이란 뜻으로 사용된 듯하다.
(ⓒ 한국고전번역원 | 서정화 안득용 안세현 (공역) | 2013.)

세의득효방
(보물 제1250호, 국가기록유산)

이렇게 옥잠은 풍류객을 은유하는 말로도 사용한다.

원元나라 의학교수 위역림危亦林이 5대에 걸쳐 선조들이 치료한 경험방을 모아 편성한 『세의득효방世醫得效方』에는 우해제독又解諸毒이라는 처방이 나온다. 옥잠화 뿌리를 갈아 물과 함께 복용 한다는 것이다. 모든 종류의 독에 사용한다고 하였다. 옥잠화 뿌리는 옥잠화근玉簪花根이라 하여 곪은 부위를 다스리고 독을 없애며 피를 멎게 한다. 겨드랑이나 목, 귀 등에 멍울이 생기는 증상, 목구멍에 생긴 염증, 목 안에 가시가 걸린 것을 치료한다고 하였다. 옥잠화의 또 다른 쓰임새를 눈여겨 본다.